Uma Introdução à Algebra Linear

Salahoddin Shokranian

Departamento de Matemática
Universidade de Brasília
70910-900 Brasília-DF.
Brasil

Uma Introdução à Álgebra Linear

Copyright© Editora Ciência Moderna Ltda., 2009
Todos os direitos para a língua portuguesa reservados pela EDITORA CIÊNCIA MODERNA LTDA.
De acordo com a Lei 9.610 de 19/2/1998, nenhuma parte deste livro poderá ser reproduzida, transmitida e gravada, por qualquer meio eletrônico, mecânico, por fotocópia e outros, sem a prévia autorização, por escrito, da Editora.

Editor: Paulo André P. Marques
Supervisão Editorial: Camila Cabete Machado
Copidesque: Aline Vieira Marques
Capa: Cristina Satchko Hodge
Diagramação: Sonia Maria Florenzino Nina
Assistente Editorial: Patricia da Silva Fernandes

Várias **Marcas Registradas** aparecem no decorrer deste livro. Mais do que simplesmente listar esses nomes e informar quem possui seus direitos de exploração, ou ainda imprimir os logotipos das mesmas, o editor declara estar utilizando tais nomes apenas para fins editoriais, em benefício exclusivo do dono da Marca Registrada, sem intenção de infringir as regras de sua utilização. Qualquer semelhança em nomes próprios e acontecimentos será mera coincidência.

FICHA CATALOGRÁFICA

SHOKRANIAN, Salahoddin;
Uma Introdução à Álgebra Linear
Rio de Janeiro: Editora Ciência Moderna Ltda., 2009.

1. Álgebra.
I — Título

ISBN: 978-85-7393-804-3   CDD 512

Editora Ciência Moderna Ltda.
R. Alice Figueiredo, 46 – Riachuelo
Rio de Janeiro, RJ – Brasil   CEP: 20.950-150
Tel: (21) 2201-6662/ Fax: (21) 2201-6896
LCM@LCM.COM.BR
WWW.LCM.COM.BR

01/09

Para a minha família
Obrigado pela paciência e apoio

Prefácio

Este livro tem muito em comum com o meu livro [Sho ial], publicado em 2004 pela Editora da Universidade de Brasília, que foi o primeiro livro que escrevi em álgebra linear. Basicamente eu preservei a estrutura dele, mas agora o leitor atento pode observar que existem mais exercícios, mais esclarecimentos, mais teoremas e um capítulo a mais. Em modo geral, o presente livro com título novo, e mais legível. O livro [Sho ial] já foi usado com sucesso nas salas de aulas, porém com avanço do tempo, a demanda dos alunos para mais detalhes e mais exercícios aumentou. Para responder a primeira, escrevi este livro e para responder a segunda escrevi livros sobre exercícios. Quando os livros de exercícios [Sho ex1] e outros forem acompanhados com este livro, o leitor terá oportunidade melhor para aprender as questões elementares em álgebra linear. Por outro lado, eu tinha anunciado o plano de escrever mais sobre álgebra linear, o plano está cumprido, pois agora os leitores podem ter uma chance maior de aprender sobre alguns métodos computacionais em álgebra linear, no meu livro [Sho tmc]. Os próximos dois livros sobre exercícios em álgebra linear serão dedicados respectivamente às transformações lineares e sistemas lineares de equações, e geometria e análise de matrizes.

Com esses livros, alunos, pesquisadores e demais interessados em matérias de álgebra linear terão algo a mais para se envolver com problemas e métodos em álgebra linear.

Por fim, o Capítulo 5 pode ser lido após o de 6, 7, ou 8.

Salahoddin Shokranian (sash@mat.unb.br)
Junho de 2008

Sumário

1 Matrizes e Sistema Lineares de Equações   **1**
- 1.1   Sistemas Lineares 1
- 1.2   Matrizes 4
  - 1.2.1   Operações com matrizes 5
  - 1.2.2   Matrizes quadradas 9
- 1.3   Representação Matricial 11
- 1.4   Exercícios 13

2 Matrizes   **17**
- 2.1   Permutação e Determinante 17
  - 2.1.1   Permutação 19
- 2.2   Determinante 24
  - 2.2.1   Expansão de determinante 26
  - 2.2.2   Algumas propriedades do determinante . . . 28
- 2.3   Exercícios 38

3 Diagonalização das Matrizes   **41**
- 3.1   Matriz Inversa 41
  - 3.1.1   O cálculo da inversa 45
- 3.2   Autovalores e Autovetores 47
  - 3.2.1   Polinômio característico 47
- 3.3   Matrizes Semelhantes 53
  - 3.3.1   O cálculo de matriz diagonalizadora 56

viii Uma Introdução à Àlgebra Linear

3.4   Polinômio Matricial 58

3.5   Exercícios 62

4   Espaços Vetoriais   69

4.1   Espaços Vetoriais 69

     4.1.1   Subespaço vetorial 73

     4.1.2   Produto e soma de subespaços 75

4.2   Base e Dimensão 79

     4.2.1   Combinação linear e gerador 80

     4.2.2   Independência linear 82

     4.2.3   Bases 84

4.3   Dimensão 86

     4.3.1   Dimensão de soma dos subespaços 89

4.4   Mudança da Base 91

4.5   Exercícios 97

5   Produto Interno e Geometria   101

5.1   Produto Interno 101

     5.1.1   Ortogonalização 105

     5.1.2   O método de Gram-Schmidt 107

     5.1.3   Desigualdades 109

5.2   Geometria de $\mathbb{R}^2$ e $\mathbb{R}^3$ 111

     5.2.1   Ângulo entre vetores 111

     5.2.2   Área do paralelogramo 114

     5.2.3   Equação da reta e do plano 114

5.3   Rotação no $\mathbb{R}^2$ e $\mathbb{R}^3$ 116

     5.3.1   Rotação no espaço $\mathbb{R}^3$ 120

5.4   Exercícios 121

6   Transformações Lineares   125

6.1   Definições 125

SUMÁRIO ix

      6.1.1 Imagem e núcleo 129

  6.2 Matrizes e Transformações

      Lineares 133

      6.2.1 Soma e produto 138

      6.2.2 Semelhaça e mudança da base 140

  6.3 Autovalores e Autovetores 142

      6.3.1 Polinômio característico e mínimo 144

  6.4 Teoria espectral 148

  6.5 Exercícios 150

7 Sistemas Lineares de Equações   153

  7.1 Posto 153

      7.1.1 O sistema homogêneo 155

      7.1.2 Sistema geral 156

  7.2 O método de redução 161

  7.3 Posto e nulidade 163

  7.4 Exercícios 164

8 Formas Multilineares e Algoritmos   167

  8.1 Formas Multilineares 168

      8.1.1 Formas bilineares 169

      8.1.2 Função determinante 173

  8.2 Matrizes em Blocos 175

      8.2.1 Subespaço invariável 179

  8.3 Algoritmo de multiplicação 179

  8.4 Exercícios 181

Referências bibliográficas   185

Índice Remissivo   187

Capítulo 1

Matrizes e Sistema Lineares de Equações

N denota um dos conjuntos de números: $\mathbb{N}$ números naturais, $\mathbb{Z}$ números inteiros, $\mathbb{Q}$ números racionais, $\mathbb{R}$ números reais, e $\mathbb{C}$ números complexos.
Nesse livro serão considerados somente três corpos de números; o corpo $\mathbb{Q}$, $\mathbb{R}$ e $\mathbb{C}$. Usaremos a letra F para denotar um desses corpos. Observamos que neles os números não nulos tem inversa.
Um número de N será chamado de escalar também.

Na álgebra linear, e onde ela tem aplicações, o estudo das matrizes é de fundamental importância, pois as matrizes além de terem aplicações práticas, elas ofereçam exemplos importantes de espaços vetoriais e simplificam o estudo de sistemas lineares de equações. Por isso é imprescindível começar com um estudo de matrizes e suas aplicações na resolução de sistemas lineares de equações.

1.1 Sistemas Lineares

Uma equação linear é uma equação da seguinte forma

$$a_1 x_1 + a_2 x_2 + \cdots + a_n x_n = b, \tag{1.1}$$

2 Uma Introdução à Álgebra Linear

onde são dados os números $a_1, a_2, \cdots, a_n, b \in N$. Os **coeficien-tes** dessa equação são os números $a_1, a_2, \cdots, a_n$ e b é chamado de **constante**, e nessa equação as **incógnitas** são $x_1, x_2, \cdots, x_n$ (também são chamados **variáveis**). O problema principal numa equação como (1.1) é calcular (determinar) as incógnitas. Quando $b = 0$ dizemos que a equação (1.1) é **homogênea**. Um **sistema de equações lineares** é um número finito de equações como equação (1.1). Então em geral um sistema de equações lineares é da seguinte forma:

$$
\begin{cases}
a_{11}x_1 & + & a_{12}x_2 & + & \cdots & + & a_{1n}x_n & = & b_1 \\
a_{21}x_1 & + & a_{22}x_2 & + & \cdots & + & a_{2n}x_n & = & b_2 \\
\cdot & + & \cdot & + & \cdots & + & \cdot & = & \cdot \\
\cdot & + & \cdot & + & \cdots & + & \cdot & = & \cdot \\
a_{m1}x_1 & + & a_{m2}x_2 & + & \cdots & + & a_{mn}x_n & = & b_m,
\end{cases}
\tag{1.2}
$$

onde $a_{11}, \cdots, a_{mn} \in N$ são números dados e são chamados **coeficientes**, $b_1, \cdots b_m \in N$ são dados e são chamados **constantes**. Um sistema de equações como (1.2) é chamado de **sistema de m equações e n incógnitas (variáveis)**. O problema é determinar as incógnitas $x_1, \cdots, x_n$. A álgebra linear fornece maneiras de estudar um sistema como esse. Um método elementar para resolver tal sistema é o **método eliminatório** ou, **método de substituição**. Nesse método calcularemos uma das incógnitas (digamos x_1) de uma das equações (digamos o primeiro) e substituiremos nas outras equações, e assim encontraremos um novo sistema de $m - 1$ equações e $n - 1$ variáveis. Continuando esse procedimento e eliminando as variáveis chegaremos a um sistema com o menor número possível de variáveis, que nos permite achar os seus valores.

Exemplo 1.1. Considere o sistema de três equações e quatro

Matrizes e Sistema Lineares de Equações 3

incógnitas:

$$\begin{cases} 2x_1 & + & x_2 & & & - & x_4 & = & 2 \\ x_1 & + & x_2 & & & & & = & 0 \\ & & & & x_3 & - & x_4 & = & 1. \end{cases} \qquad (1.3)$$

Da primeira equação determinaremos $x_1 = \frac{2+x_4-x_2}{2}$. Colocando esse valor na segunda equação teremos o seguinte sistema:

$$\begin{cases} \frac{2+x_4-x_2}{2} + x_2 & = & 0 \\ x_3 - x_4 & = & 1. \end{cases}$$

Simplificando a primeira equação e depois multiplicando ela por 2 teremos o seguinte:

$$\begin{cases} x_2 + x_4 & = & -2 \\ x_3 - x_4 & = & 1. \end{cases}$$

E agora, podemos calcular $x_4 = x_3 - 1$ da segunda equação e colocar essa na primeira. Isso nós dará

$$x_2 + x_3 = -1,$$

que não pode ser mais simplificada. Portanto os nossos cálculos terminaram numa equação linear do tipo (1.1) com duas incógnitas (variáveis). Tal equação não tem só uma resposta (solução). Essa equação tem infinitas respostas (soluções). Para encontrá-las escolheremos um valor para uma das incógnitas e determinaremos a outra de acordo com a nossa escolha. Por exemplo, poderíamos colocar x_3 igual a um número como k ($x_3 = k$) e calcularemos x_2 baseado nesse. Portanto $x_2 = -k - 1$. Escolhendo valores diferentes para k, acharemos novos valores para x_2 e x_3 e, então para x_1, x_4 usando a equação (1.3) que mostra ter o sistema infinitas soluções.

4 Uma Introdução à Álgebra Linear

1.2 Matrizes

A definição de sistema lineares de equações (1.2) nos motiva a definir matrizes.

Definição 1.2. Uma **matriz** $m \times n$ é um conjunto A de mn números $a_{ij} \in N$, onde $i = 1, \cdots, m$, e $j = 1, \cdots, n$. Neste caso os números a_{ij} são chamados de **entradas** ou, **elementos** da matriz A e dizemos que A tem m linhas (filas) e n colunas ou, que ela é uma matriz $m \times n$.

De vez em quando uma matriz A com entradas a_{ij} é denotada pelas seguintes formas:

$$A = (a_{ij}) = \{a_{ij} \mid i = 1, \cdots, m, \text{ e } j = 1, \cdots, n\}$$

ou,

$$A = \begin{bmatrix} a_{11} & a_{12} & \cdots & a_{1n} \\ a_{21} & a_{22} & \cdots & a_{2n} \\ \cdot & \cdot & \cdots & \cdot \\ \cdot & \cdot & \cdots & \cdot \\ a_{m1} & a_{m2} & \cdots & a_{mn} \end{bmatrix}.$$

Denotaremos por M_{mn} (ou, por $M_{m \times n}$) o conjunto das matrizes com m linhas e n colunas. Caso queiramos insistir que as entradas das matrizes pertençam ao um conjunto de números N, usaremos a notação $M_{mn}(N)$ (ou, por $M_{m \times n}(N)$). Quando $n = 1$ dizemos que $M_{m \times 1}(N)$ é o conjunto das **matrizes coluna**, e quando $m = 1$ dizemos que $M_{1 \times n}$ é o conjunto das **matrizes linha**. Quando $m = n$ usaremos o símbolo M_n para denotar o conjunto das matrizes $n \times n$. E, nesse caso dizemos que as matrizes são **quadradas** ou, $M_n(N)$ é o conjunto das **matrizes quadradas** com entradas de N. Dizemos que uma matriz quadrada (a_{ij}) é **matriz identidade** quando todos os elementos $a_{ij} = 0$ para $i \neq j$ e $a_{ii} = 1$. Denotaremos a matriz

Matrizes e Sistema Lineares de Equações 5

identidade $n \times n$ por I_n ou, simplesmente I quando a referência a respeito de n é bem clara. Por exemplo $I_2 = \begin{bmatrix} 1 & 0 \\ 0 & 1 \end{bmatrix}$.

Uma matriz $m \times n$ é chamada **matriz nula**, se todos os seus elementos forem nulos. Denotaremos por O_{mn} a matriz nula ou, simplesmente por O, quando a referência a respeito de m e n está bem clara.

Uma matriz não nula $n \times n$ quadrada (a_{ij}) é chamada **matriz diagonal**, quando todos os seus elementos $a_{ij} = 0$ para $i \neq j$. E os elementos a_{ii} são chamados **elementos diagonais**. Por exemplo a matriz identidade é diagonal.

Definiremos a igualdade de duas matrizes da seguinte forma: suponha que $A = (a_{ij})$ e $B = (b_{ij})$ são matrizes de M_{mn}. Dizemos que A **é igual a** B quando as entradas correspondentes de A e B forem iguais. Isso quer dizer que

$$A = B \Longleftrightarrow a_{ij} = b_{ij}, \quad \text{para todo} \quad i = 1, \cdots, m, \ j = 1, \cdots, n.$$

1.2.1 Operações com matrizes

Para matrizes também é possível definir as operações aritméticas, como adição, subtração e em certos casos multiplicação e divisão. Mas, além disso, existe a operação de multiplicação por escalar (veja a seguinte definição). O objetivo aqui é definir a multiplicação por escalar e as primeiras três operações aritméticas.

Geralmente os elementos de N são chamados **escalares**. Queremos definir multiplicação de um escalar por uma matriz.

Definição 1.3. Seja $B = (b_{ij})$ uma matriz $m \times n$. Para quaisquer escalar $\alpha \in N$ definiremos a **multiplicação por escalar** $\alpha B = \alpha(a_{ij})$ como uma matriz de M_{mn} cujas entradas são o resultado de multiplicação de α por todos os elementos de B.

6 Uma Introdução à Álgebra Linear

Então $\alpha B = (\alpha b_{ij})$. Observe que $B\alpha$ também está definida e que $\alpha B = B\alpha$.

Por exemplo, $2 \begin{bmatrix} 1 & -3 & 2 \\ 0 & 2 & 4 \end{bmatrix} = \begin{bmatrix} 2 & -6 & 4 \\ 0 & 4 & 8 \end{bmatrix}$. É claro que o resultado da multiplicação do número 0 por quaisquer matriz é a matriz nula.

Definição 1.4. Sejam $A = (a_{ij})$ e $B = (b_{ij})$ duas matrizes $m \times n$. Nesse caso podemos somar (adicionar) estas matrizes e o resultado de **soma** é a matriz $C = (c_{ij})$ cujas entradas são obtidas da seguinte forma:

$$c_{ij} = a_{ij} + b_{ij}$$

e, nesse caso, dizemos que: $C = A + B$ ou, $A + B = C$.

Por exemplo

$$\begin{bmatrix} 1 & -2 & 3 \\ \pi & \sqrt{2} & 0 \end{bmatrix} + \begin{bmatrix} 4 & 0 & 3 \\ -\pi & \sqrt{2} & 8 \end{bmatrix} = \begin{bmatrix} 5 & -2 & 6 \\ 0 & 2\sqrt{2} & 8 \end{bmatrix}.$$

Observe que subtração é uma operação aritmética formada pelas duas operações, a multiplicação por escalar (-1) seguida por adição. Veja a seguinte definição.

Definição 1.5. Sejam $A = (a_{ij})$ e $B = (b_{ij})$ duas matrizes $m \times n$. Nesse caso podemos subtrair $A - B$ (ou $B - A$). Para determinar $A - B$ podemos multiplicar (-1) por B e somar o resultado com A. Portanto,

$$A - B = A + (-1)B.$$

A seguir definiremos multiplicação de matrizes.

Definição 1.6. Sejam $A \in M_{mn}$ e $B \in M_{k\ell}$. Para conseguirmos **multiplicar** A **com** B e determinar o produto AB é necessário que $n = k$. Nesse caso AB está definida e ela é uma matriz de

Matrizes e Sistema Lineares de Equações 7

$M_{m\ell}$. Denotaremos por $[AB]_{ij}$ a (i,j)-ésima entrada de AB, ela é dada pela seguinte fórmula:

$$[AB]_{ij} = \sum_{t=1}^{n} a_{it}b_{tj}. \tag{1.4}$$

Por exemplo se $A = \begin{bmatrix} a_{11} & a_{12} & a_{13} \\ a_{21} & a_{22} & a_{23} \\ a_{31} & a_{32} & a_{33} \end{bmatrix}$ e $B = \begin{bmatrix} b_{11} & b_{12} \\ b_{21} & b_{22} \\ b_{31} & b_{32} \end{bmatrix}$, teremos que

$$AB = \begin{bmatrix} a_{11}b_{11} + a_{12}b_{21} + a_{13}b_{31} & a_{11}b_{12} + a_{12}b_{22} + a_{13}b_{32} \\ a_{21}b_{11} + a_{22}b_{21} + a_{23}b_{31} & a_{21}b_{12} + a_{22}b_{22} + a_{23}b_{32} \\ a_{31}b_{11} + a_{32}b_{21} + a_{33}b_{31} & a_{31}b_{12} + a_{32}b_{22} + a_{33}b_{32} \end{bmatrix}.$$

Proposição 1.7. Sejam $A, B \in M_{mn}$. Então:

(1) $O + A = A + O = A$.

(2) $A + B = B + A$ (lei **comutativa**).

(3) Se $O = O_{km}$ então $OA = O$, e se $O = O_{n\ell}$ então $AO = O$.

(4) Seja $I = I_m$ então $IA = A$, e se $I = I_n$ então $AI = A$. Em particular se A é quadrada, teremos que

$$AI = IA = A. \tag{1.5}$$

Demonstração. Todos os itens acima são conseqüência direta da definição de adição e multiplicação de matrizes. Por exemplo, vamos provar a identidade (1.5). Para isso basta usar a fórmula (1.4). Mas, antes observe que a matriz identidade pode ser denotada por (δ_{ij}) onde

$$\delta_{ij} = \begin{cases} 1 & \text{se } i = j \\ 0 & \text{se } i \neq j. \end{cases} \tag{1.6}$$

Agora, pela fórmula (1.4) temos que

$$[AI]_{ij} = \sum_{t=1}^{n} a_{it}\delta_{tj} = a_{ij}.$$

8 Uma Introdução à Álgebra Linear

Da mesma forma

$$[IA]_{ij} = \sum_{t=1}^{n} \delta_{it}a_{tj} = a_{ij}.$$

Isso completa a demonstração da identidade (1.5). Deixaremos o resto da demonstração para o leitor.

Proposição 1.8. Sejam A, B, C três matrizes com entradas de N. Então, valem as seguintes propriedades da multiplicação uma vez que as operações dos lados esquerdos são definidas:

(1) $A(B + C) = AB + AC$ (lei **distributiva da esquerda**)

(2) $(A + B)C = AC + BC$ (lei **distributiva da direita**)

(3) $(AB)C = A(BC)$ (lei **associativa**).

Demonstração. As demonstrações de itens 1, 2 e 3 são semelhantes, e a demonstação de item 3 é mais elaborada. Por isso vamos somente provar o item 3 e deixaremos para leitor completar a demonstração da proposição (veja Exercício 5 do final desse capítulo). Para demonstrar o item 3 usaremos a fórmula (1.4). Então teremos que:

$$
\begin{aligned}
[(AB)C]_{ij} &= \sum_{j=1}^{\ell} \left(\sum_{t=1}^{n} a_{it}b_{tj} \right) c_{jh} \\
&= \sum_{j=1}^{\ell} \sum_{t=1}^{n} a_{it}b_{tj}c_{jh} \\
&= \sum_{j=1}^{\ell} \sum_{t=1}^{n} a_{it}(b_{tj}c_{jh}) \\
&= \sum_{t=1}^{n} a_{it}\left(\sum_{j=1}^{\ell} b_{tj} \right) c_{jh} = [A(BC)]_{ij}.
\end{aligned}
$$

Isso completa a demonstração do item 3.

Matrizes e Sistema Lineares de Equações 9

A transposta de uma matriz $A = (a_{ij}) \in M_{mn}$ é a matriz

$$^t A = (a_{ji})$$

obtida através de troca i-ésima linha de A pela i-ésima coluna de A. O resultado é uma matriz $n \times m$ a ser chamada a matriz **transposta**, e denotada por $^t A$. Por exemplo

$$^t \begin{bmatrix} a_{11} & a_{12} & a_{13} \\ a_{21} & a_{22} & a_{23} \end{bmatrix} = \begin{bmatrix} a_{11} & a_{21} \\ a_{12} & a_{22} \\ a_{13} & a_{23} \end{bmatrix}$$

Proposição 1.9. (1) $^t O = O$.

(2) $^t I = I$.

(3) $^t (A + B) = {}^t A + {}^t B$.

(4) $^t (\alpha A) = \alpha \; {}^t A$, para todo $\alpha \in F$.

(5) Seja A uma matriz $m \times n$ e B uma matriz $n \times k$. Então $^t (AB) = {}^t B \, {}^t A$.

Demonstração. As demonstrações de itens (1) até (4) são óbvias. Vamos demonstrar o item (5). Para isso basta provar que os (i, j)-ésima elemento de $^t (AB)$ é igual a (i, j)-ésima elemento de $^t B \, {}^t A$. O seguinte cálculo mostrará esse fato:

$$[AB]_{ij} = \sum_{t=1}^{n} a_{it} b_{tj} \Rightarrow [\,{}^t (AB)]_{ij} = [AB]_{ji} = \sum_{t=1}^{n} a_{jt} b_{ti} = \sum_{t=1}^{n} b_{ti} a_{jt}.$$

Por outro lado $[\,{}^t B \, {}^t A]_{ij} = \sum_{t=1}^{n} b_{ti} a_{jt}$. Comparando isso com a última igualdade teremos o resultado desejado.

1.2.2 Matrizes quadradas

Nesta parte discutiremos algumas propriedades e definições que respectivamente são válidas para matrizes quadradas.

Definição 1.10. Se A é uma matriz quadrada o k-**ésima potên-**

10 Uma Introdução à Àlgebra Linear

cia de A é a matriz A^k obtida pela multiplicação de A com se k vezes.

Por exemplo, para todo inteiro positivo n o n-ésima potência de matriz identidade é I. Em outras palavras $I^n = I$. Ou, como outro exemplo $\begin{bmatrix} 1 & 1 \\ 1 & 0 \end{bmatrix}^2 = \begin{bmatrix} 2 & 1 \\ 1 & 1 \end{bmatrix}$.

Definição 1.11. O **traço** de uma matriz quadrada $A = (a_{ij})$ é a soma dos elementos diagonais. Denotaremos o traço de matriz A por $tr(A)$. Então se $A \in M_n$

$$tr(A) = a_{11} + a_{22} + \cdots + a_{nn} = \sum_{i=1}^{n} a_{ii}.$$

É fácil verificar que as seguintes propriedades de traço são verdadeiras:

Proposição 1.12. Sejam A e B duas matrizes $n \times n$. Então:

(1) $tr(O) = 0$,

(2) $tr(I_m) = m$,

(3) $tr(A + B) = tr(A) + tr(B)$,

(4) $tr(\alpha A) = \alpha tr(A)$, para todo escalar $\alpha \in N$,

(5) $tr(\,^t A) = tr(A)$,

(6) $tr(AB) = tr(BA)$.

Demonstração. Somente demonstraremos o item (6). Outros itens são fáceis e serão deixadas como exercícios. Agora, para provar o item (6) observe que

$$tr(AB) = \sum_{i=1}^{n} \sum_{j=1}^{n} a_{ij} b_{ji} = \sum_{j=1}^{n} \sum_{i=1}^{n} b_{ij} a_{ji} = tr(BA).$$

Isso completa a demonstração do item (6).

Matrizes e Sistema Lineares de Equações 11

Observe que em geral a operação de multiplicação das matrizes quadradas não é uma operação comutativa. Isto é que em geral AB e BA não são sempre iguais. Por exemplo,

$$\begin{bmatrix} 1 & 1 \\ 0 & 0 \end{bmatrix} \begin{bmatrix} 0 & 1 \\ 0 & 1 \end{bmatrix} \neq \begin{bmatrix} 0 & 1 \\ 0 & 1 \end{bmatrix} \begin{bmatrix} 1 & 1 \\ 0 & 0 \end{bmatrix}.$$

Mas ainda os traços de AB e BA são iguais (item (6) da proposição acima).

Definição 1.13. Dizemos que uma matriz quadrada não nula A é **simétrica** quando ela é igual a sua transposta. Então A é simétrica se, e somente se, $A = {}^{t}A$. Dizemos que A é **anti-simétrica** quando ${}^{t}A = -A$.

Por exemplo, a forma geral de uma matriz 2×2 simétrica é $\begin{bmatrix} a & b \\ b & d \end{bmatrix}$. E a forma geral de uma matriz 2×2 anti-simétrica é $\begin{bmatrix} 0 & b \\ -b & 0 \end{bmatrix}$.

Definição 1.14. Uma matriz quadrada não nula $A = (a_{ij})$ é **triangular superior** (respectivamente **triangular inferior**) se $a_{ij} = 0$ para todo $i > j$ (respectivamente $a_{ij} = 0$ para todo $i < j$).

1.3 Representação Matricial

Uma das aplicações de matrizes é a seguinte representação de sistemas lineares de equações. Considere o sistema linear de equações (1.2). Podemos representar esse sistema da seguinte forma: o produto de matriz de coeficientes com a matriz coluna de variáveis é

12 Uma Introdução à Àlgebra Linear

igual a matriz coluna de constantes

$$
\begin{bmatrix}
a_{11} & a_{12} & \cdots & a_{1n} \\
a_{21} & a_{22} & \cdots & a_{2n} \\
\cdot & \cdot & \cdots & \cdot \\
\cdot & \cdot & \cdots & \cdot \\
a_{m1} & a_{m2} & \cdots & a_{mn}
\end{bmatrix}
\begin{bmatrix}
x_1 \\
x_2 \\
\cdot \\
\cdot \\
x_n
\end{bmatrix}
=
\begin{bmatrix}
b_1 \\
b_2 \\
\cdot \\
\cdot \\
b_m
\end{bmatrix}.
\tag{1.7}
$$

Uma das utilidades dessa representação é que em certos casos podemos resolver o sistema de equações através de multiplicação (pela esquerda) de uma matriz C e determinar as incógnitas pela determinação de coluna das variáveis. Para isso veja o seguinte exemplo.

Exemplo 1.15. Considere o sistema de equações

$$
\begin{cases}
x & + & 2y & = & -1 \\
-x & + & 3y & = & 7
\end{cases}
$$

Podemos representar esse sistema pela

$$
\begin{bmatrix}
1 & 2 \\
-1 & 3
\end{bmatrix}
\begin{bmatrix}
x \\
y
\end{bmatrix}
=
\begin{bmatrix}
-1 \\
7
\end{bmatrix}.
$$

Agora considere a matriz $C = \begin{bmatrix} \frac{3}{5} & -\frac{2}{5} \\ \frac{1}{5} & \frac{1}{5} \end{bmatrix}$. Multiplicaremos essa matriz pelo lado esquerdo pela igualdade acima e teremos

$$
\begin{bmatrix}
\frac{3}{5} & -\frac{2}{5} \\
\frac{1}{5} & \frac{1}{5}
\end{bmatrix}
\begin{bmatrix}
1 & 2 \\
-1 & 3
\end{bmatrix}
\begin{bmatrix}
x \\
y
\end{bmatrix}
=
\begin{bmatrix}
\frac{3}{5} & -\frac{2}{5} \\
\frac{1}{5} & \frac{1}{5}
\end{bmatrix}
\begin{bmatrix}
-1 \\
7
\end{bmatrix}.
$$

Fazendo os produtos chegaremos a seguinte igualdade

$$
\begin{bmatrix}
x \\
y
\end{bmatrix}
=
\begin{bmatrix}
-\frac{17}{5} \\
\frac{6}{5}
\end{bmatrix},
$$

que pela igualdade de matrizes mostra que $x = -\frac{17}{5}$, $y = \frac{6}{5}$.

Observe que nesse exemplo $\begin{bmatrix} \frac{3}{5} & -\frac{2}{5} \\ \frac{1}{5} & \frac{1}{5} \end{bmatrix} \begin{bmatrix} 1 & 2 \\ -1 & 3 \end{bmatrix} = I_2$, e que não foi discutido como achar a matriz C. A determinação da matriz C é um assunto a ser tratado no próximo capítulo sob o título de "inversa de matriz".

1.4 Exercícios

(1) Determine a soma das matrizes $\begin{bmatrix} 1 & -1 & 2 \\ 2 & 3 & 0 \end{bmatrix} + \begin{bmatrix} 1 & -1 & -2 \\ 2 & 0 & \pi \end{bmatrix}$.
Calcular o produto $\begin{bmatrix} 1 & -1 \\ 2 & 3 \end{bmatrix} \begin{bmatrix} 1 & -1 & 1 \\ 2 & 3 & \pi \end{bmatrix}$.

(2) Resolver o sistema de equações $\begin{cases} x & + & 2y & - & 3z & = & 0 \\ 2x & + & & & z & = & 3 \\ & & y & + & 4z & = & -4. \end{cases}$

(3) Mostre que soma e produto de matrizes diagonais é diagonal.

(4) Dê uma demonstração para as propriedades 1, 2, 3, e 4 da Proposição 1.7.

(5) Dê uma demonstração para as propriedades 1 e 2 da Proposição 1.8.

(6) Dê uma demonstração para os itens 1, 2, 3, e 5 da Proposição 1.11.

(7) Sejam $A, B \in M_n$. Escreva uma fórmula para

$$(A + B)^2, \quad (A - B)^2, \quad A^2 - B^2.$$

(8) Mostre que a única matriz que é simultaneamente triangular superior e triangular inferior é a matriz diagonal.

(9) Mostre que a única matriz simétrica que também é anti-simétrica é a matriz nula. Portanto, não existe uma matriz simétrica e anti-simétrica ao mesmo tempo.

(10) Ache as matrizes quadradas $n \times n$ que satisfazem $\,^tX = 2X$.

(11) Ache a forma geral das matrizes 3×3 simétricas. Também faça isso para matrizes anti-simétricas.

(12) Dizemos que uma matriz não nula $A \in M_n$ é **nilpotente**

14 Uma Introdução à Àlgebra Linear

quando existe um inteiro $k > 1$ tal que $A^k = O$. E se $A^{k-1} \neq O$ dizemos que A é **nilpotente de nível** k.

(a) Mostre que a matriz $\begin{bmatrix} 0 & 1 & 1 \\ 0 & 0 & 1 \\ 0 & 0 & 0 \end{bmatrix}$ é nilpotente de nível 3.

(b) Ache todas as matrizes 2×2 que são triangulares superiores e nilpotentes.

(13) Uma matriz quadrada A é **unipotente** quando $(A - I)$ é nilpotente. Mostre que todas as matrizes triangulares com elementos de diagonal 1 são unipotentes.

(14) Uma matriz quadrada $A \in M_2(\mathbb{R})$ é **matriz ortogonal** quando ${}^t A A = A \, {}^t A = I$. Ache uma matriz ortogonal 2×2 que não seja a matriz identidade. Em particular A é não nula.

(15) Ache todas as matrizes ortogonais 2×2 cujas entradas são números inteiros.

(16) Seja A uma matriz $n \times n$ quadrada. As **entradas antidiagonais** de A são as entradas a_{ij} que satisfazem $i + j = n + 1$.

(a) Quais são as entradas antidiagonais de uma matriz 3×3?

(b) Dizemos que A é uma **matriz antidiagonal** quando todas as entradas que não são antidiagonal são nulas.

Ache a forma geral de uma matriz antidiagonal 3×3.

(c) Mostre que produto de duas matrizes antidiagonais é uma matriz diagonal.

(17) Mostre que as matrizes antidiagonais com entradas 1 não são nilpotentes.

(18) Por meio de um exemplo mostre que em geral

$$tr(AB) \neq tr(A)tr(B).$$

Matrizes e Sistema Lineares de Equações 15

(19) Suponha que $A = \begin{bmatrix} a & b \\ c & d \end{bmatrix}$, $ad - bc = 1$ e $tr(A) = 2$. Mostre que $tr(A^2) = 2$. É verdade que $tr(A^3) = 2$?

(20) Mostre que traço das matrizes anti-simétricas é zero.

(21) Uma matriz não nula A é **idempotente** quando ela satisfaz a seguinte igualdade

$$A^2 = A.$$

Ache uma matriz 2×2 idempotente que não seja identidade. Mostre que

$$\frac{1}{2} \begin{bmatrix} 1 & -1 \\ -1 & 1 \end{bmatrix}$$

é idempotente.

(22) Sejam A e B duas matrizes idempotentes. Mostre que se vale a igualdade $AB = BA$ então, AB também é idempotente.

(23) Sejam A e B duas matrizes nilpotentes. Mostre que se vale a igualdade $AB = BA$ então, AB também é nilpotente. Neste caso qual será a nível de AB (veja Exercício 12)?

(24) Sejam A e B duas matrizes nilpotentes de nível 2. Quando é possível que soma delas também seja uma matriz nilpotente do mesmo nível 2?

(25) É possível que uma matriz idempotente seja nilpotente?

(26) Sejam A e B duas matrizes unipotentes. Quando é possível que a matriz AB também seja unipotente (veja Exercício 23)?

Capítulo 2

Matrizes

Nesse capítulo queremos estudar as matrizes com mais detalhes. Para isso precisaremos de definir várias noções sobre matrizes; determinante, adjunta, inversa, etc.

2.1 Permutação e Determinante

A noção de determinante é um conceito importante na matemática, pois através dele podemos estudar sistemas lineares de equações. Mas isso não é a única aplicação de determinante. Como veremos, determinante é uma função polinomial definida no espaço das matrizes quadradas, e nos permite reduzir de certos estudos na álgebra linear as funções. Para conseguirmos dar uma definição clara de determinante é necessário saber o que é uma permutação. Para isso vamos relembrar o que é uma função, e quais são as funções bijetoras.

Sejam X e Y dois conjuntos não vazios. O **produto cartesiano** de X e Y é o conjunto

$$X \times Y = \{(x, y) \mid x \in X, y \in Y\}$$

18 Uma Introdução à Àlgebra Linear

formado pelos pares (x, y). Os elementos x e y são chamados de **coordenados**, e x é chamado de **primeiro coordenado** e y de **segundo coordenado**. Um subconjunto $R \subseteq X \times Y$ é uma **relação** de X no Y. Uma **função** f de X no Y é uma relação de X no Y tal que quaisquer dois pares de f com primeiros coordenados iguais tem que ter os segundos coordenados também iguais. Geralmente denotaremos uma função f por

$$f : X \to Y.$$

E indicamos a par $(x, y) \in f$ pelo

$$f(x) = y$$

ou

$$f : x \to y$$

que nos diz se x é o primeiro coordenado, $f(x)$ é o segundo. Uma função f é **injetora** quando

$$f(x_1) = f(x_2) \Rightarrow x_1 = x_2.$$

Equivalentemente isso quer dizer que

$$x_1 \neq x_2 \Rightarrow f(x_1) \neq f(x_2).$$

Portanto uma função f é injetora quando quaisquer dois pares de f com primeiros coordenados diferentes tem que ter os segundos coordenados também diferentes.

A **imagem** de uma função f é o subconjunto de Y formado por todos os segundos coordenados dos pares de f. Em outras palavras a imagem $Im(f)$ é

$$Im(f) = \{y \in Y \mid \text{ existe } x \in X \text{ com } f(x) = y\}.$$

Quando $Im(f) = Y$ dizemos que f é **sobrejetora**. E se uma função f é injetora e sobrejetora, ela é **bijetora**.

A noção de composição entre funções é uma noção já conhecida desde ensino médio. Relembramos que se $f : X \to Y$ e $g : Im(f) \to Z$ são funções então $g \circ f$ é uma função de X no Z chamado **composição** de g e f.

2.1.1 Permutação

Seja $X = \{1, 2, \cdots, n\}$ o conjunto de n números de 1 até n.

Definição 2.1. Uma **permutação de nível** n é uma função bijetora de X no X. Geralmente denotaremos permutações por letras minúsculas gregas γ, σ, τ, etc.

Exemplo 2.2. (1) Se $n = 1$, o conjunto $X = \{1\}$. Neste caso somente existe uma função $f_1 : X \to X$ definida por $f_1(1) = 1$ que é injetora e sobrejetora, portanto bijetora. Então nesse caso só há uma permutação de nível 1, a permutação $\sigma_1(1) = 1$.

(2) Se $n = 2$, $X = \{1, 2\}$. Nesse caso teremos duas funções bijetoras de X no X. Elas definem as seguintes permutações:

$$\sigma_1 = \left\{ \begin{array}{l} 1 \to 1 \\ 2 \to 2 \end{array} \right. \quad \sigma_2 = \left\{ \begin{array}{l} 1 \to 2 \\ 2 \to 1 \end{array} \right. .$$

(3) Se $n = 3$, $X = \{1, 2, 3\}$. Neste caso somente existem 6 permutações; elas são:

$$\sigma_1 = \left\{ \begin{array}{l} 1 \to 1 \\ 2 \to 2 \\ 3 \to 3 \end{array} \right. \quad \sigma_2 = \left\{ \begin{array}{l} 1 \to 1 \\ 2 \to 3 \\ 3 \to 2 \end{array} \right. \quad \sigma_3 = \left\{ \begin{array}{l} 1 \to 2 \\ 2 \to 3 \\ 3 \to 1 \end{array} \right.$$

$$\sigma_4 = \left\{ \begin{array}{l} 1 \to 2 \\ 2 \to 1 \\ 3 \to 3 \end{array} \right. \quad \sigma_5 = \left\{ \begin{array}{l} 1 \to 3 \\ 2 \to 1 \\ 3 \to 2 \end{array} \right. \quad \sigma_6 = \left\{ \begin{array}{l} 1 \to 3 \\ 2 \to 2 \\ 3 \to 1 \end{array} \right.$$

20 Uma Introdução à Álgebra Linear

Talvez o leitor tenha notado que o número das permutações de nível n é igual a $n!$ ($n! := 1 \times 2 \times 3 \times \cdots \times n$). Esse fato pode ser provado com facilidade usando indução matemática (veja Exercício 13 desse capítulo).

Na prática usaremos outra forma de representar as permutações. Usaremos o símbolo

$$\sigma = \begin{pmatrix} 1 & 2 & \cdots & n \\ i_1 & i_2 & \cdots & i_n \end{pmatrix}$$

para denotar uma permutação f de nível n que leva o número 1 para i_1, o número 2 para i_2, e assim por diante o número n para i_n. É claro que todos os números $i_1, i_2, \cdots, i_n$ pertencem ao conjunto $\{1, 2, \cdots, n\}$. Por exemplo, as permutações do exemplo precedente podem ser escritas na seguinte forma:

$$n = 1 : \sigma_1 = \begin{pmatrix} 1 \\ 1 \end{pmatrix}.$$

$$n = 2 : \sigma_1 = \begin{pmatrix} 1 & 2 \\ 1 & 2 \end{pmatrix}, \quad \sigma_2 = \begin{pmatrix} 1 & 2 \\ 2 & 1 \end{pmatrix}.$$

Para $n = 3$, temos as seis seguintes permutações:

$$\sigma_1 = \begin{pmatrix} 1 & 2 & 3 \\ 1 & 2 & 3 \end{pmatrix}, \quad \sigma_2 = \begin{pmatrix} 1 & 2 & 3 \\ 1 & 3 & 2 \end{pmatrix}, \quad \sigma_3 = \begin{pmatrix} 1 & 2 & 3 \\ 2 & 3 & 1 \end{pmatrix},$$

$$\sigma_4 = \begin{pmatrix} 1 & 2 & 3 \\ 2 & 1 & 3 \end{pmatrix}, \quad \sigma_5 = \begin{pmatrix} 1 & 2 & 3 \\ 3 & 1 & 2 \end{pmatrix}, \quad \sigma_6 = \begin{pmatrix} 1 & 2 & 3 \\ 3 & 2 & 1 \end{pmatrix}.$$

Como permutações são funções, podemos definir a noção de composição de permutações (também chamado produto). Para conseguirmos fazer composição de duas permutações elas têm que ser do mesmo nível. Suponhamos que γ e σ são duas permutações de nível n representadas da seguinte forma:

$$\gamma = \begin{pmatrix} 1 & 2 & \cdots & n \\ i_1 & i_2 & \cdots & i_n \end{pmatrix} \quad \sigma = \begin{pmatrix} 1 & 2 & \cdots & n \\ j_1 & j_2 & \cdots & j_n \end{pmatrix}$$

Nesta notação teremos que a **composição** ou **produto** de $\sigma \circ \gamma$ é:

$$\sigma \circ \gamma = \begin{pmatrix} 1 & 2 & \cdots & n \\ k_1 & k_2 & \cdots & k_n \end{pmatrix}$$

onde para determinar $k_1, k_2, \cdots, k_n$ basta observar que todos esses números pertençam ao conjunto $\{1, 2, \cdots, n\}$, e que na permutação γ um número t vai para, digamos, i_t e na permutação σ esse número vai para, digamos, j_t, então na permutação $\sigma \circ \gamma$ o número t vai para k_t. Mais especificamente

$$k_i = (\sigma \circ \gamma)(i) = \sigma(\gamma(i)).$$

Veja ao seguinte caso particular:

Exemplo 2.3. Suponhamos que $n = 4$,

$$\gamma = \begin{pmatrix} 1 & 2 & 3 & 4 \\ 2 & 4 & 1 & 3 \end{pmatrix}, \quad \text{e} \quad \sigma = \begin{pmatrix} 1 & 2 & 3 & 4 \\ 2 & 3 & 1 & 4 \end{pmatrix}.$$

Neste caso $\sigma \circ \gamma = \begin{pmatrix} 1 & 2 & 3 & 4 \\ 3 & 4 & 2 & 1 \end{pmatrix}$, pois de acordo com a nossa explicação, a permutação γ leva o número 1 para 2 e σ leva 2 para 3 então na $\sigma \circ \gamma$, 1 vai para 3. Na γ o número 2 vai para 4 e na σ 4 vai para 4 então na $\sigma \circ \gamma$, 2 vai para 4. Na γ o número 3 vai para 1 e na σ, 1 vai para 2, então na $\sigma \circ \gamma$, 3 vai para 2. Na γ o número 4 vai para 3 e na σ, 3 vai para 1 então na $\sigma \circ \gamma$, 4 vai para 1.

Denotaremos o conjunto de permutações de nível n por S_n.

Definição 2.4. Uma permutação $\sigma \in S_n$ é **identidade** se $\sigma(i) = i$ para todo $i \in N$. Em outras palavras, a permutação identidade de nível n é da forma $\begin{pmatrix} 1 & 2 & \cdots & n \\ 1 & 2 & \cdots & n \end{pmatrix}$. Geralmente denotaremos por e a permutação identidade.

Para aplicar a noção de permutação na definição do determinante precisaremos do conceito de sinal para permutações.

22 Uma Introdução à Álgebra Linear

Considere o polinômio de n variáveis

$$g = g(x_1, x_2, \cdots, x_n) = \prod_{i<j}(x_i - x_j), \qquad (2.1)$$

onde $1 \leq i < j \leq n$, e suponha que $\sigma \in S_n$ é uma permutação de nível n. A essa permutação associaremos o seguinte polinômio σg de n variáveis:

$$\sigma g = \sigma g(x_1, x_2, \cdots, x_n) = \prod_{i<j}(x_{\sigma(i)} - x_{\sigma(j)}),$$

chamado de **ação de σ sobre** g, onde de novo $1 \leq i < j \leq n$.

Por exemplo, se $n = 3$ o ploinômio $g(x_1, x_2, x_3)$ é igual a

$$g(x_1, x_2, x_3) = (x_1 - x_2)(x_1 - x_3)(x_2 - x_3),$$

e é fácil ver que a ação da permutação identidade preserva o polinômio g. Em outras palavras $eg = g$.

Definição 2.5. Uma permutação $\sigma \in S_n$ é **par** se $\sigma g = g$ (σ preserva g). Caso contrário ela é **ímpar**. E neste caso teremos $\sigma g = -g$. Nós dizemos que o **sinal** de uma permutação par é positivo "+" e sinal de uma permutação ímpar é negativo "−".

Exemplo 2.6. Seja $\sigma = \begin{pmatrix} 1 & 2 & 3 \\ 2 & 1 & 3 \end{pmatrix} \in S_3$. Essa permutação é ímpar (tem sinal −). Para ver isso usaremos a definição precedente. Temos que:

$$
\begin{aligned}
\sigma g = \sigma g(x_1, x_2, x_3) &= \prod_{i<j}(x_{\sigma(i)} - x_{\sigma(j)}) \\
&= (x_{\sigma(1)} - x_{\sigma(2)})(x_{\sigma(1)} - x_{\sigma(3)})(x_{\sigma(2)} - x_{\sigma(3)}) \\
&= (x_2 - x_1)(x_2 - x_3)(x_1 - x_3) \\
&= -(x_1 - x_2)(x_2 - x_3)(x_1 - x_3) \\
&= -g(x_1, x_2, x_3) = -g.
\end{aligned}
$$

Mas a permutação $\alpha = \begin{pmatrix} 1 & 2 & 3 \\ 2 & 3 & 1 \end{pmatrix} \in S_3$ é par, pois neste caso

$$
\begin{aligned}
\alpha g = \alpha(x_1, x_2, x_3) &= (x_{\alpha(1)} - x_{\alpha(2)})(x_{\alpha(1)} - x_{\alpha(3)})(x_{\alpha(2)} - x_{\alpha(3)}) \\
&= (x_2 - x_3)(x_2 - x_1)(x_3 - x_1) \\
&= (-(x_1 - x_2))(-(x_1 - x_3))(x_2 - x_3) \\
&= \alpha g(x_1, x_2, x_3) = g.
\end{aligned}
$$

Exemplo 2.7. Com dados do Exemplo 2.2 os sinais das permutações de S_3 são:

$$
\begin{aligned}
\sigma_1 g &= (x_{\sigma_1(1)} - x_{\sigma_1(2)})(x_{\sigma_1(1)} - x_{\sigma_1(3)})(x_{\sigma_1(2)} - x_{\sigma_1(3)}) \\
&= (x_1 - x_2)(x_1 - x_3)(x_2 - x_3) = g \quad &\text{sinal } + \\
\sigma_2 g &= (x_{\sigma_2(1)} - x_{\sigma_2(2)})(x_{\sigma_2(1)} - x_{\sigma_2(3)})(x_{\sigma_2(2)} - x_{\sigma_2(3)}) \\
&= (x_1 - x_3)(x_1 - x_2)(x_3 - x_2) = -g \quad &\text{sinal } - \\
\sigma_3 g &= (x_{\sigma_3(1)} - x_{\sigma_3(2)})(x_{\sigma_3(1)} - x_{\sigma_3(3)})(x_{\sigma_3(2)} - x_{\sigma_3(3)}) \\
&= (x_2 - x_3)(x_2 - x_1)(x_3 - x_1) = g \quad &\text{sinal } + \\
\sigma_4 g &= (x_{\sigma_4(1)} - x_{\sigma_4(2)})(x_{\sigma_4(1)} - x_{\sigma_4(3)})(x_{\sigma_4(2)} - x_{\sigma_4(3)}) \\
&= (x_2 - x_1)(x_2 - x_3)(x_1 - x_3) = -g \quad &\text{sinal } - \\
\sigma_5 g &= (x_{\sigma_5(1)} - x_{\sigma_5(2)})(x_{\sigma_5(1)} - x_{\sigma_5(3)})(x_{\sigma_5(2)} - x_{\sigma_5(3)}) \\
&= (x_3 - x_1)(x_3 - x_2)(x_1 - x_2) = g \quad &\text{sinal } + \\
\sigma_6 g &= (x_{\sigma_6(1)} - x_{\sigma_6(2)})(x_{\sigma_6(1)} - x_{\sigma_6(3)})(x_{\sigma_6(2)} - x_{\sigma_6(3)}) \\
&= (x_3 - x_2)(x_3 - x_1)(x_2 - x_1) = -g \quad &\text{sinal } -,
\end{aligned}
$$

onde na coluna do lado direito são escritos os sinais das permutações $\sigma_1, \sigma_2, \sigma_3, \sigma_4, \sigma_5, \sigma_6$ respectivamente.

Observação 1. O sinal de composição (produto) de duas permutações τ e σ é sempre igual ao produto dos sinais delas. Em outras palavras, temos que

$$
(sinal\ \tau \circ \sigma) = (sinal\ \tau)(sinal\ \sigma).
$$

Para justificar essa igualdade basta notar que a ação de $\tau \circ \sigma$ sobre g é igual a ação de τ sobre σg. Isto é que $(\tau \circ \sigma)g = \tau(\sigma(g))$, pois as duas são iguais a $\prod_{i<j}(x_{\tau(\sigma(i))} - x_{\tau(\sigma(j))})$. Portanto se ambas τ e

24 Uma Introdução à Álgebra Linear

σ são pares ou ímpares, $\tau \circ \sigma$ será par e se uma delas é ímpar a permutação $\tau \circ \sigma$ será ímpar.

Dizemos que a permutação τ é **inversa** da permutação σ se ambas são do mesmo nível e se $\sigma \circ \tau = \tau \circ \sigma = e$ a permutação identidade. Neste caso escrevemos $\tau = \sigma^{-1}$. Agora, é fácil ver que sinal de uma permutação e a sua inversa são iguais. Isto é que

$$(sinal\ \sigma) = (sinal\ \sigma^{-1}).$$

2.2 Determinante

O conceito de determinante é restritamente para matrizes quadradas. Suponha que $A = (a_{ij})$ é uma matriz quadrada. Para definir o determinante de A usaremos a noção de permutação.

Definição 2.8. Pela definição o **determinante** da matriz quadrada A é

$$det(A) = \sum_{\sigma \in S_n} (sinal\ \sigma) a_{1\sigma(1)} a_{2\sigma(2)} \cdots a_{n\sigma(n)}, \qquad (2.2)$$

onde $(sinal\ \sigma)$ é o sinal da permutação σ que é $+$ ou $-$. Nós chamaremos os produtos $a_{1\sigma(1)} a_{2\sigma(2)} \cdots a_{n\sigma(n)}$ de **monômios de determinante**.

Como podemos ver o determinante de uma matriz $n \times n$ consiste da soma de $n!$ monômios. Em cada monômio quando aparece um elemento ele aparece só uma vez e cada elemento da matriz aparece em pelo menos um monômio. Isso é a conseqüência do fato de que as permutações são funções injetoras.

Exemplo 2.9. (1) Se $n = 1$ então $A = [a_{11}]$. Nesse caso

$$det(A) = a_{11}.$$

Matrizes 25

(2) Se $n = 2$ então $A = \begin{bmatrix} a_{11} & a_{12} \\ a_{21} & a_{22} \end{bmatrix}$. E neste caso

$$
\begin{aligned}
deta(A) &= \sum_{\sigma \in S_2} (sinal\ \sigma) a_{1\sigma(1)} a_{2\sigma(2)} \\
&= (sinal\ \sigma_1) a_{1\sigma_1(1)} a_{2\sigma_1(2)} + (sinal\ \sigma_2) a_{1\sigma_2(1)} a_{2\sigma_2(2)} \\
&= a_{11} a_{22} - a_{12} a_{21}.
\end{aligned}
$$

Neste caso o determinante é diferença de dois monômios.

Se $n = 3$ então $A = \begin{bmatrix} a_{11} & a_{12} & a_{13} \\ a_{21} & a_{22} & a_{23} \\ a_{31} & a_{32} & a_{33} \end{bmatrix}$. E neste caso com os

dados do Exemplo 2.7 temos que

$$
\begin{aligned}
det(A) &= \sum_{\sigma \in S_3} (sinal\ \sigma) a_{1\sigma(1)} a_{2\sigma(2)} a_{3\sigma(3)} \\
&= a_{11} a_{22} a_{33} \quad \text{contribuição de } \sigma = \sigma_1 \\
&+ -a_{11} a_{23} a_{32} \quad \text{contribuição de } \sigma = \sigma_2 \\
&+ a_{12} a_{23} a_{31} \quad \text{contribuição de } \sigma = \sigma_3 \\
&+ -a_{12} a_{21} a_{33} \quad \text{contribuição de } \sigma = \sigma_4 \\
&+ a_{13} a_{21} a_{32} \quad \text{contribuição de } \sigma = \sigma_5 \\
&+ -a_{13} a_{22} a_{31} \quad \text{contribuição de } \sigma = \sigma_6.
\end{aligned}
$$

Portanto temos que:

$$
\begin{aligned}
det(A) &= a_{11} a_{22} a_{33} - a_{11} a_{23} a_{32} + a_{12} a_{23} a_{31} - a_{12} a_{21} a_{33} \\
&\quad + a_{13} a_{21} a_{32} - a_{13} a_{22} a_{31} \\
&= a_{11}(a_{22} a_{33} - a_{23} a_{32}) - a_{12}(a_{21} a_{33} - a_{23} a_{31}) \\
&\quad + a_{13}(a_{21} a_{32} - a_{22} a_{31}).
\end{aligned}
$$

É bom observar que estas fórmulas não são realmente práticas para calcular determinantes. Raramente na prática usamos as permutações. Por exemplo, no cálculo de determinantes das matizes 3×3 podemos aplicar o seguinte método dado no seguinte exemplo.

Exemplo 2.10. Vamos calcular o determinante da matriz

$$A = \begin{bmatrix} a_{11} & a_{12} & a_{13} \\ a_{21} & a_{22} & a_{23} \\ a_{31} & a_{32} & a_{33} \end{bmatrix}.$$

Para isso podemos usar a fórmula já citada, mas podemos usar essa fórmula de uma forma diferente. Considere a seguinte matriz 3×5 B obtida pela A e as duas primeiras colunas de A

$$B = \begin{bmatrix} a_{11} & a_{12} & a_{13} & a_{11} & a_{12} \\ a_{21} & a_{22} & a_{23} & a_{21} & a_{22} \\ a_{31} & a_{32} & a_{33} & a_{31} & a_{32} \end{bmatrix}.$$

Assim o determinante de A pode ser escrito como a soma dos produtos $a_{11}a_{22}a_{33}$, $a_{12}a_{23}a_{31}$, $a_{13}a_{21}a_{32}$ e a diferença dos produtos $a_{12}a_{21}a_{33}$, $a_{11}a_{23}a_{32}$, $a_{13}a_{22}a_{31}$ (veja a figura). É claro que isso não é uma nova fórmula para calcular o determinante mas talvez é mais fácil relembrar como calcular o determinante de uma matriz 3×3. Esse método conhecido como **método borboleta** NÃO pode ser generalizado a matrizes 4×4 ou maiores.

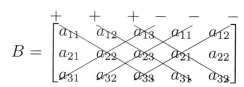

Figura 2.1.

Talvez o seguinte método da expansão pode ser mais útil para calcular determinante com uma velocidade um pouco maior.

2.2.1 Expansão de determinante

A cada matriz $A \in M_n$ associamos uma **matriz menor** $A_{ij} \in M_{n-1}$.

A matriz A_{ij} é uma matriz $(n-1) \times (n-1)$ obtida através de eliminação de i-ésima linha de A e sua j-ésima coluna. A seguinte expansão de determinante reduz o cálculo do determinante ao cálculo dos determinantes de matrizes menores.

A demonstração do seguinte teorema será dada no final desse capítulo.

Teorema 2.11. Seja $A \in M_n$ e A_{ij} as suas matrizes menores. Existem as seguintes expansões para calcular $det(A)$. Elas são:

$$det(A) = \sum_{j=1}^{n}(-1)^{i+j}a_{ij}det(A_{ij}), \quad i \text{ fixo },$$

é a expansão a respeito de i-ésima linha.

$$det(A) = \sum_{i=1}^{n}(-1)^{i+j}a_{ij}det(A_{ij}), \quad j \text{ fixo },$$

é a expansão a respeito de j-ésima coluna.

Por exemplo, pela primeira fórmula da expansão a respeito da primeira linha o determinante da matriz

$$A = \begin{bmatrix} 1 & 2 & -4 \\ 3 & 0 & 1 \\ 4 & 1 & 2 \end{bmatrix}$$

é igual a

$$
\begin{aligned}
det(A) &= 1(-1)^{1+1}det\begin{bmatrix} 0 & 1 \\ 1 & 2 \end{bmatrix} \\
&\quad +2(-1)^{1+2}det\begin{bmatrix} 3 & 1 \\ 4 & 2 \end{bmatrix} + (-4)(-1)^{1+3}det\begin{bmatrix} 3 & 0 \\ 4 & 1 \end{bmatrix} \\
&= (1)(0-1) + 2(-1)(6-4) + (-4)(1)(3-0) \\
&= -1 - 4 - 12 = -17.
\end{aligned}
$$

28 Uma Introdução à Àlgebra Linear

2.2.2 Algumas propriedades do determinante

A seguir apresentaremos algumas propriedades básicas do determinante. Essas propriedades nos ajudarão nos cálculos de matrizes e na álgebra linear em geral.

Teorema 2.12. As seguintes propriedades valem para determinantes:

(1) $det(I) = 1$,

(2) $det(O) = 0$,

(3) $det(\alpha A) = \alpha^n det(A)$, $\quad A \in M_n$ e $\alpha \in N$,

(4) Se $D = diag(a_{11}, a_{22}, \cdots, a_{nn})$ é uma matriz diagonal de M_n então o determinante dessa matriz é o produto dos elementos do diagonal

$$det(diag(a_{11}, a_{22}, \cdots, a_{nn})) = a_{11}a_{22} \cdots a_{nn}.$$

(5) Se B é uma matriz triangular de M_n então, o seu determinante é produto dos elementos do diagonal

$$det(B) = a_{11}a_{22} \cdots a_{nn}.$$

(6) Se uma linha (respectivamente uma coluna) de A é nula então, $det(A)$ é zero.

(7) Se C é a matriz obtida pela multiplicação de uma linha (respectivamente uma coluna) de A por um escalar α então,

$$det(C) = \alpha \ det(A).$$

Demonstração. As propriedades (1) até (5) são conseqüências imediatas da definição do determinante. Para demonstrar a propriedade (6) observe que nos monômios do determinante estão sempre presentes pelo menos um elemento de cada linha (respectivamente de cada coluna). Portanto uma vez que uma linha (respectivamente uma coluna) é zero então o determinante é zero. Isso completa a demonstração da propriedade (6). Para demonstrar a propriedade (7) usaremos o mesmo raciocínio, mas também mencionamos que um elemento dado da matriz nunca aparece mais de uma vez num monômio do determinante, mas sempre aparece em pelo menos um monômio. Portanto todos os monômios da matriz B tem um fator α que resulta em $det(B) = \alpha \det(A)$.

Teorema 2.13. Para toda matriz quadrada A temos que:

$$det(\,{}^t A) = det(A).$$

Demonstração. Usaremos a definição (2.2). Suponhamos que $A = (a_{ij})$ com $1 \leq i, j \leq n$. Vamos provar que a definição do determinante (2.2) pode igualmente ser escrito na seguinte forma;

$$\sum_{\tau \in S_n} (sinal\ \tau) a_{\tau(1)1} a_{\tau(2)2} \cdots a_{\tau(n)n}.$$

Por outro lado o monômio geral na definição (2.2) pode também ser escrito como $a_{1\sigma(k_1)} a_{2\sigma(k_2)} \cdots a_{n\sigma(k_n)}$ após um regrupamento dos termos, onde $k_1, \cdots, k_n$ são um regrupamento de números $1, 2, \cdots, n$. Particularmente se escolhermos $k_i = \sigma^{-1}(i)$ para $i = 1, 2, \cdots, n$ teremos que $\sigma(k_i) = i$. Mas, como sabemos $(sinal\ \sigma) = (sinal\ \sigma^{-1})$ para toda permutação $\sigma \in S_n$. Então

$$(sinal\ \sigma) a_{1\sigma(1)} a_{2\sigma(2)} \cdots a_{n\sigma(n)} = (sinal\ \sigma^{-1}) a_{\sigma^{-1}(1)1} a_{\sigma^{-1}(2)2} \cdots$$

$$\cdots a_{\sigma^{-1}(n)n}.$$

30 Uma Introdução à Álgebra Linear

Portanto a fórmula (2.2) pode ser escrita como

$$\sum_{\sigma \in S_n} (sinal\sigma^{-1})a_{\sigma^{-1}(1)1}a_{\sigma^{-1}(2)2} \cdots a_{\sigma^{-1}(n)n}.$$

Mas, σ varia sobre todas as permutações de S_n, então σ^{-1} o fará também. Portanto

$$det(A) = \sum_{\tau \in S_n} (sinal\tau)a_{\tau(1)1}a_{\tau(2)2} \cdots a_{\tau(n)n}. \qquad (2.3)$$

Isso completa a demonstração.

Observação 2. O teorema precedente nos diz que o determinante tem uma **propriedade simétrica**. Isto é que se uma certa propriedade de determinante vale para as colunas (respectivamente para as linhas) de uma matriz, ela também vale para as linhas (respectivamente para as colunas).

Teorema 2.14. Seja $A = (a_{ij}) \in M_n$. Se a j-ésima coluna de A é da forma $a_{ij} = b_{ij} + c_{ij}$ e B é a matriz obtida de A através de substituição da sua j-ésima coluna por b_{ij} e a matriz C obtida de A através de substituição da sua j-ésima coluna por c_{ij} então

$$det(A) = det(B) + det(C).$$

Em outras palavras:

$$det \begin{bmatrix} a_{11} & \cdots & b_{1j}+c_{1j} & \cdots & a_{1n} \\ a_{21} & \cdots & b_{2j}+c_{2j} & \cdots & a_{2n} \\ \cdot & \cdots & \cdot+\cdot & \cdots & \cdot \\ \cdot & \cdots & \cdot+\cdot & \cdots & \cdot \\ a_{n1} & \cdots & b_{nj}+c_{nj} & \cdots & a_{nn} \end{bmatrix}$$

$$= \quad det \begin{bmatrix} a_{11} & \cdots & b_{1j} & \cdots & a_{1n} \\ a_{21} & \cdots & b_{2j} & \cdots & a_{2n} \\ \cdot & \cdots & \cdot & \cdots & \cdot \\ \cdot & \cdots & \cdot & \cdots & \cdot \\ a_{n1} & \cdots & b_{nj} & \cdots & a_{nn} \end{bmatrix}$$

$$+det \begin{bmatrix} a_{11} & \cdots & c_{1j} & \cdots & a_{1n} \\ a_{21} & \cdots & c_{2j} & \cdots & a_{2n} \\ \cdot & \cdots & \cdot & \cdots & \cdot \\ \cdot & \cdots & \cdot & \cdots & \cdot \\ a_{n1} & \cdots & c_{nj} & \cdots & a_{nn} \end{bmatrix}.$$

Certamente pela Observação 2 o mesmo resultado é verdadeira se considerarmos colunas em vez de linhas.

Demonstração. Isso é uma consequência imediata da definição (2.2). O leitor interessado pode completar as detalhes.

Agora, seja $A \in M_n$. Usando a identidade (2.3), podemos escrever mais uma fórmula para determinante de A. Isto é a fórmula

$$det(A) = \sum_{\sigma \in S_n} (sinal\ \sigma) a_{\sigma(k_1)k_1} a_{\sigma(k_2)k_2} \cdots a_{\sigma(k_n)k_n}, \qquad (2.4)$$

onde, $k_1, k_2, \cdots, k_n$ são números distintos entre 1 e n. Por exemplo, a fórmula (2.3) é um caso particular de (2.4), pois se $k_i = i$ para $i = 1, 2, \cdots, n$ a fórmula (2.4) será igual a fórmula (2.3). O seguinte resultado mostra que as fórmulas (2.3) e (2.4) são na verdade iguais.

Proposição 2.15. As fórmulas (2.3) e (2.4) são iguais.

Demonstração. Isso é óbvio, pois os índices nas fórmulas do deter-

32 Uma Introdução à Álgebra Linear

minante sempre variam no conjunto $\{1, 2, \cdots, n\}$. Baseado nessa, na fórmula (2.3) podemos trocar 1 por k_1, 2 por k_2, e assim n por k_n e obter a fórmula (2.4). Isso completa a demonstração da igualdade desejada.

Teorema 2.16. Se duas colunas (respectivamente linhas) de uma matriz $A \in M_n$ sejam trocadas uma por outra, os determinantes terão sinais opostos. Em outras palavras

$$det(A) = det \begin{bmatrix} a_{11} & \cdots & a_{1k} & \cdots & a_{1j} & \cdots & a_{1n} \\ a_{21} & \cdots & a_{2k} & \cdots & a_{2j} & \cdots & a_{2n} \\ \cdot & \cdots & \cdot & \cdots & \cdot & \cdots & \cdot \\ \cdot & \cdots & \cdot & \cdots & \cdot & \cdots & \cdot \\ a_{n1} & \cdots & a_{nk} & \cdots & a_{nj} & \cdots & a_{nn} \end{bmatrix} =$$

$$= -det(B) = -det \begin{bmatrix} a_{11} & \cdots & a_{1j} & \cdots & a_{1k} & \cdots & a_{1n} \\ a_{21} & \cdots & a_{2j} & \cdots & a_{2k} & \cdots & a_{2n} \\ \cdot & \cdots & \cdot & \cdots & \cdot & \cdots & \cdot \\ \cdot & \cdots & \cdot & \cdots & \cdot & \cdots & \cdot \\ a_{n1} & \cdots & a_{nj} & \cdots & a_{nk} & \cdots & a_{nn} \end{bmatrix}.$$

Demonstração. Quaisquer troca de k_1-ésima coluna por k_2-ésima coluna é equivalente a aplicação de uma permutação

$$\tau = \begin{pmatrix} 1 & 2 & \cdots & k_1 & \cdots & k_2 & \cdots & n \\ 1 & 2 & \cdots & k_2 & \cdots & k_1 & \cdots & n \end{pmatrix}$$

no cálculo de determinante. Agora, usando a fórmula (2.4) teremos

$$det(A) = \sum_{\sigma \in S_n} (sinal\ \sigma) a_{\sigma(k_1)k_1} a_{\sigma(k_2)k_2} \cdots a_{\sigma(k_n)k_n}.$$

Por outro lado, temos que $\sigma(k_i) = \sigma(\tau(i)) = (\sigma\tau)(i)$ e pela Observação 1, $(sinal\ \sigma \circ \tau) = (sinal\ \sigma)(sinal\ \tau)$. Então a fórmula acima pode ser escrita na seguinte forma:

$$\begin{aligned} det(A) &= \sum_{\sigma \in S_n} (sinal\ \sigma \circ \tau) a_{\sigma\tau(1)k_1} a_{\sigma\tau(2)k_2} \cdots a_{\sigma\tau(n)k_n} \\ &= (sinal\ \tau) \sum_{\sigma \in S_n} (sinal\ \sigma) a_{\sigma(1)k_1} a_{\sigma(2)k_2} \cdots a_{\sigma(n)k_n} \\ &= -det(B), \end{aligned}$$

Matrizes 33

pois o sinal de τ é negativo, ela somente troca um elemento por outro, k_1 por k_2. A demonstração está completa.

Corolário 2.17. Se duas colunas (respectivamente duas linhas) de uma matriz $A \in M_n$ são iguais então $det(A) = 0$.

Demonstração. Suponhamos que na matriz A as duas k_1-ésima e k_2-ésima colunas são iguais. Então no teorema anterior temos que $det(A) = -det(A)$. Logo, $det(A) = 0$. A demonstração está completa.

Teorema 2.18. Para quaisquer duas matrizes $A, B \in M_n$ temos que

$$det(AB) = det(A)det(B) = det(B)det(A) = det(BA). \qquad (2.5)$$

Demonstração. Queremos provar que

$$
det(AB) = det \begin{bmatrix} \sum_{j=1}^n a_{1j}b_{j1} & \sum_{j=1}^n a_{1j}b_{j2} & \cdots & \sum_{j=1}^n a_{1j}b_{jn} \\ \sum_{j=1}^n a_{2j}b_{j1} & \sum_{j=1}^n a_{2j}b_{j2} & \cdots & \sum_{j=1}^n a_{2j}b_{jn} \\ \cdot & \cdot & \cdots & \cdot \\ \cdot & \cdot & \cdots & \cdot \\ \sum_{j=1}^n a_{nj}b_{j1} & \sum_{j=1}^n a_{nj}b_{j2} & \cdots & \sum_{j=1}^n a_{nj}b_{jn} \end{bmatrix}
$$

$$
= det \begin{bmatrix} a_{11} & a_{12} & \cdots & a_{1n} \\ a_{21} & a_{22} & \cdots & a_{2n} \\ \cdot & \cdot & \cdots & \cdot \\ \cdot & \cdot & \cdots & \cdot \\ a_{n1} & a_{n2} & \cdots & a_{nn} \end{bmatrix} det \begin{bmatrix} b_{11} & b_{12} & \cdots & b_{1n} \\ b_{21} & b_{22} & \cdots & b_{2n} \\ \cdot & \cdot & \cdots & \cdot \\ \cdot & \cdot & \cdots & \cdot \\ b_{n1} & b_{n2} & \cdots & b_{nn} \end{bmatrix}.
$$

Após aplicar o Teorema 2.14 n vezes, o lado esquerdo pode ser

34 Uma Introdução à Álgebra Linear

escrito na seguinte forma

$$det(AB) = \sum_{j_1, j_2, \cdots, j_n = 1}^{n} det \begin{bmatrix} a_{1j_1} & a_{1j_2} & \cdots & a_{1j_n} \\ a_{2j_1} & a_{2j_2} & \cdots & a_{2j_n} \\ \cdot & \cdot & \cdots & \cdot \\ \cdot & \cdot & \cdots & \cdot \\ a_{nj_1} & a_{nj_2} & \cdots & a_{nj_n} \end{bmatrix} b_{j_1 1} \cdots b_{j_n n}$$

$$= det(A) \sum_{j_1, j_2, \cdots, j_n = 1}^{n} sinal \begin{pmatrix} 1 & 2 & \cdots & n \\ j_1 & j_2 & \cdots & j_n \end{pmatrix} b_{j_1 1} \cdots b_{j_n n}$$

$$= det(A)det(B).$$

Isso completa a demonstração. No Exercício 5 do Capítulo 8 encontraremos com a outra forma de demonstrar esse teorema.

Demonstração do Teorema 2.11. A demonstração será um pouco mais simples se considerarmos matrizes como variáveis, que podemos mudar as suas entradas. Portanto seja $X = (x_{ij}) \in M_n$. O determinante $det(X)$ consiste de $n!$ monômios. Todas as entradas de X estão presentes em pelo menos um desses monômios. Portanto podemos fatorar cada entrada da primeira linha e escrever

$$det(X) = det(x_{ij}) = c_1 x_{11} + c_2 x_{12} + \cdots + c_n x_{1n}. \tag{2.6}$$

O nosso objetivo é determinar os coeficientes $c_1, c_2, \cdots, c_n$. Para calcular c_1, considere a matriz X_1 com $x_{11} = 1$ e $x_{12} = x_{13} = \cdots = x_{1n} = 0$. Portanto $det(X_1) = c_1$, onde

$$X_1 = \begin{bmatrix} 1 & 0 & \cdots & 0 \\ x_{21} & x_{22} & \cdots & x_{2n} \\ x_{31} & x_{32} & \cdots & x_{3n} \\ \cdot & \cdot & \cdots & \cdot \\ \cdot & \cdot & \cdots & \cdot \\ x_{n1} & x_{n2} & \cdots & x_{nn} \end{bmatrix}.$$

Pela fórmula (2.3) o determinante de X_1 é igual a

$$det(X_1) = \sum_{\sigma \in S_n} (sinal\ \sigma)x_{\sigma(1)1}x_{\sigma(2)2}\cdots x_{\sigma(n)n}.$$

Quando as permutações σ satisfazem a propriedade $\sigma(1) = 1$ a contribuição da σ para o $det(X_1)$ será 0, pois neste caso $\sigma(1)i = x_{1i} = 0$ para $i = 2, \cdots n$. E quando $i = 1$ a entrada $x_{11} = 1$ não terá contribuição para o determinante. Portanto,

$$c_1 = det(X_1) = det(X_{11}) = det \begin{bmatrix} x_{21} & x_{22} & \cdots & x_{2n} \\ x_{31} & x_{32} & \cdots & x_{3n} \\ \cdot & \cdot & \cdots & \cdot \\ \cdot & \cdot & \cdots & \cdot \\ x_{n1} & x_{n2} & \cdots & x_{nn} \end{bmatrix}.$$

Agora, suponha que queiramos calcular c_j. Para isso escolheremos

$$x_{11} = x_{12} = \cdots = x_{1k-1} = 0,\ x_{1j} = 1,\ x_{1j+1} = \cdots = x_{1n} = 0.$$

Portanto $c_j = det(X_j)$, onde

$$X_j = \begin{bmatrix} 0 & \cdots & 1 & \cdots & 0 \\ x_{21} & \cdots & x_{2j} & \cdots & x_{2n} \\ x_{31} & \cdots & x_{3j} & \cdots & x_{3n} \\ \cdot & \cdots & \cdot & \cdots & \cdot \\ \cdot & \cdots & \cdot & \cdots & \cdot \\ x_{n1} & \cdots & x_{nj} & \cdots & x_{nn} \end{bmatrix}.$$

Trocando a j-ésima coluna de X_j pela sua $j - 1$-ésima coluna chegaremos a nova matriz

$$X_j^{(1)} = \begin{bmatrix} 0 & \cdots & 1 & 0 & \cdots & 0 \\ x_{21} & \cdots & x_{2j} & x_{2j-1} & \cdots & x_{2n} \\ x_{31} & \cdots & x_{3j} & x_{3j-1} & \cdots & x_{3n} \\ \cdot & \cdots & \cdot & \cdots & \cdots & \cdot \\ \cdot & \cdots & \cdot & \cdots & \cdots & \cdot \\ x_{n1} & \cdots & x_{nj} & x_{nj-1} & \cdots & x_{nn} \end{bmatrix}.$$

36 Uma Introdução à Álgebra Linear

E pelo Teorema 2.16 teremos que

$$det(X_j) = -det(X_j^{(1)}).$$

De novo, trocando a $j-1$-ésima coluna de $X_j^{(1)}$ pela sua $j-2$-ésima coluna chegaremos a

$$X_j^{(2)} = \begin{bmatrix} 0 & \cdots & 1 & 0 & \cdots & 0 \\ x_{21} & \cdots & x_{2j} & x_{2j-2} & \cdots & x_{2n} \\ x_{31} & \cdots & x_{3j} & x_{3j-2} & \cdots & x_{3n} \\ \cdot & \cdots & \cdot & \cdots & \cdots & \cdot \\ \cdot & \cdots & \cdot & \cdots & \cdots & \cdot \\ x_{n1} & \cdots & x_{nj} & x_{nj-2} & \cdots & x_{nn} \end{bmatrix}.$$

Também temos que $det(X_j^{(2)}) = -det(X_j^{(1)}) = (-1)^2 det(X_j)$. Repetindo esse procedimento $j-1$ vezes chegaremos a matriz

$$X_j^{(j-1)} = \begin{bmatrix} 1 & 0 & \cdots & \cdots & 0 \\ x_{2j} & x_{21} & \cdots & \cdots & x_{2n} \\ x_{3j} & x_{31} & \cdots & \cdots & x_{3n} \\ \cdot & \cdot & \cdots & \cdots & \cdot \\ \cdot & \cdot & \cdots & \cdots & \cdot \\ x_{nj} & x_{n1} & \cdots & \cdots & x_{nn} \end{bmatrix}.$$

Portanto

$$det(X_j^{(j-1)}) = (-1)^{j-1} det(X_j) = c_{1j}.$$

Mas, da mesma forma que $det(X_1) = det(X_{11})$, temos então que $det(X_j) = (-1)^{j-1} det(X_{1j})$. Aqui como antes X_{ij} é a matriz menor de X obtida pela eliminação de i-ésima linha e j-ésima coluna de X. Como consequência disso temos que

$$\begin{aligned} det(X) &= (-1)^{1-1} det(X_{11}) + \cdots + (-1)^{j-1} det(X_{1j}) \\ &+ \cdots + (-1)^{n-1} det(X_{1n}). \end{aligned}$$

Essa fórmula é exatamente a expansão do determinante a respeito da primeira linha da matriz (pois, os sinais de $(-1)^{j-1}$ quando j

varia de 1 até n muda alternadamente começando com sinal positivo). Então essa fórmula prova a primeira parte do teorema quando $i = 1$. Para completar a demonstração do primeiro parte do teorema relembre que $det(X) = det(\,^tX)$ (Teorema 2.13). Portanto, se queremos fazer a expansão a respeito de i-ésima linha teremos de considerar (relembre a identidade (2.6))

$$det(X) = c_{i1}x_{i1} + c_{i2}x_{i2} + \cdots + c_{in}x_{in}.$$

Para calcular os coeficientes c_{ij} transformamos a i-ésima linha para a primeira linha, isso dará a contribuição $(-1)^{i-1}$ para o cálculo de c_{ij}. E transformamos j-ésima coluna para a primeira coluna. Isso dará a contribuição $(-1)^{j-1}$. Portanto, o total contribuição será

$$c_{ij} = (-1)^{i-1}(-1)^{j-1}det(X_{ij}) = (-1)^{i+j}det(X_{ij}).$$

Logo,

$$det\,(X) = \sum_{j=1}^{n} (-1)^{i+j}\, x_{ij}\, det\,(X_{ij}).$$

A demonstração da segunda parte do teorema é semelhante com a essa.

Como foi visto, o uso de permutações nos estudos sobre determinantes e suas propriedades é fundamental. Permutações são importantes objetos matemáticos com muitas aplicações dentro e fora da matemática. Principalmente na aplicação para estudos sobre a existência de resolução de equações polinomiais por Galois no início de século XIX é de destaque. Na física e química o uso de permutação acontece na aplicação de Teoria de Grupos.

A função $g(x_1, x_2 \cdots, x_n)$ introduzido para calcular sinal de permutações está ligada com o que é conhecido em nome de polinômios simétricos. Nós de novo voltaremos para um estudo sobre determinantes no capítulo 8

38 Uma Introdução à Àlgebra Linear

2.3 Exercícios

(1) Determinar o sinal da permutação $\sigma = \begin{pmatrix} 1 & 2 & 3 & 4 \\ 2 & 1 & 4 & 3 \end{pmatrix}$.

(2) Calcular o determinante da matriz $\begin{bmatrix} -1 & 3 & 2 \\ 2 & 1 & 4 \\ 2 & 2 & 0 \end{bmatrix}$ usando a Definição 2.8.

(3) Calcular o determinante da matriz $A = \begin{bmatrix} -1 & 4 \\ 8 & 1 \end{bmatrix}$.

(4) Sejam $a, b, c \in F$. Mostre que $det \begin{bmatrix} a & a+1 & a+2 \\ b & b+1 & b+2 \\ c & c+1 & c+2 \end{bmatrix} = 0$.

(5) Mostre que $det \begin{bmatrix} 1 & 2 & 3 \\ -1 & -2 & -3 \\ 3 & 2 & 1 \end{bmatrix} = 0$.

(6) Mostre que $det \begin{bmatrix} 1 & -1 & 2 & 0 \\ 0 & 1 & 2 & 0 \\ -1 & 2 & 3 & 1 \\ 0 & 2 & 3 & 1 \end{bmatrix} = 4$.

(7) Mostre que $det \begin{bmatrix} 1 & -1 & 2 & 3 \\ 0 & 1 & 3 & 2 \\ 1 & 0 & 2 & 3 \\ -1 & -1 & 1 & 2 \end{bmatrix} = -9$.

(8) Mostre que $det \begin{bmatrix} 1 & -1 & 2 & 3 & 0 \\ 1 & 0 & 2 & 3 & 1 \\ -1 & 2 & 3 & -2 & 1 \\ 0 & 2 & 3 & 1 & 2 \\ 2 & 3 & 1 & 2 & 1 \end{bmatrix} = -8$.

(9) Mostre que $det \begin{bmatrix} \frac{1}{2} & \frac{1}{3} & \frac{1}{4} \\ \frac{1}{5} & \frac{1}{6} & \frac{1}{7} \\ \frac{1}{8} & \frac{1}{9} & \frac{1}{10} \end{bmatrix} = \frac{1}{33600}$.

(10) Resolver a equação $det \begin{bmatrix} 2 & x \\ x & 2 \end{bmatrix} = 0$.

Matrizes 39

(11) Sejam $a, b \in F$. Mostre que

$$det \begin{bmatrix} a & b & -a & b \\ -a & b & a & b \\ a & b & a & b \\ a & a & b & b \end{bmatrix} = 2a(2b^2a - 2a^2b).$$

(12) Seja σ uma permutação do nível n. Mostre que

$$(sinal\ \sigma) = (sinal\ \sigma^{-1}).$$

(13) Mostre que o conjunto S_n tem $n!$ elementos.

(14) Seja $\begin{cases} a_{11}x + a_{12}y = b_1 \\ a_{21}x + a_{22}y = b_2 \end{cases}$ um sistema linear de 2 equações e 2 incógnitas. Suponhamos que determinante da matriz A dos coeficientes é não nulo. Mostre que

$$x = \frac{det \begin{bmatrix} b_1 & a_{12} \\ b_2 & a_{22} \end{bmatrix}}{det(A)}, \quad y = \frac{det \begin{bmatrix} a_{11} & b_1 \\ a_{21} & b_2 \end{bmatrix}}{det(A)}.$$

Esse método pode ser generalizado a sistemas lineares de n equações e n incógnitas. E é conhecido como o **método de Cramer**.

(15) Escrever o método de Cramer para um sistema de 3 equações e 3 incógnitas.

(16) Resolver o sistema de equações:

$$\begin{cases} x & + & 2y & - & 4z & = & 8 \\ 3x & & & + & z & = & 0 \\ 4x & + & y & + & 2z & = & -2 \end{cases}$$

usando o método de Cramer.

40 Uma Introdução à Àlgebra Linear

Respostas: $\frac{12}{17}$, $-\frac{10}{17}$, $-\frac{36}{17}$.

(17) Usar o Teorema 2.14 e Corolário 2.17 e mostrar que se B é a matriz obtida através de uma matriz quadrada A pela soma de i-ésima linha de A e seu ℓ-ésima linha (respectivamente j-ésima coluna e seu k-ésima coluna) e colocada na i-ésima linha de A (respectivamente j-ésima coluna), então $det(A) = det(B)$.

Capítulo 3

Diagonalização das Matrizes

Em todo esse capítulo as matrizes são quadradas

Nesse capítulo queremos estudar as inversas das matrizes quando elas existem. Para isso precisaremos definir várias noções sobre matrizes quadradas; matriz adjunta, matriz cofator. Particularmente aproveitaremos essas informações e junto com o conceito da matriz inversa definiremos os autovalores e autovetores de matrizes. Uma vez que sabemos o que é uma matriz inversível podemos definir a noção de matrizes semelhantes e logo o conceito de diagonalização de matrizes. Isso nos permite saber uma das estruturas mais importantes de matrizes.

3.1 Matriz Inversa

Já vimos no Capítulo 1 que a existância de inversa de uma matriz pode nos ajudar a resolver sistemas de equações com mais rapidez. Começaremos essa seção com a definição da matriz cofator e logo saberemos como calcular a matriz inversa quando ela exista.

Definição 3.1. Seja $A \in M_n$. Dizemos que a matriz A tem **inversa**

42 Uma Introdução à Àlgebra Linear

ou que A é **inversível** se exista uma matriz $R \in M_n$ tal que $AR = RA = I$. Quando A é inversível denotaremos R por A^{-1}.

Seja A_{ij} a matriz menor obtida pela eliminação da i-ésima linha e j-ésima coluna de A. A cada matriz A_{ij} com $1 \leq i, j \leq n$ associaremos o número

$$\Delta_{ij} = (-1)^{i+j} det(A_{ij}).$$

E chamaremos esse número de (i, j)-**ésima número cofator** da matriz A.

Definição 3.2. A **matriz cofator** de A é a matriz $\Delta = (\Delta_{ij})$, onde $1 \leq i, j \leq n$.

Por essa definição está claro que a matriz cofator Δ é $n \times n$ também.

Exemplo 3.3. Seja $A = \begin{bmatrix} -1 & 2 & 3 \\ 0 & 1 & 1 \\ -2 & 8 & 4 \end{bmatrix}$. Vamos calcular a matriz cofator Δ de A. Para isso precisaremos determinar as matrizes menores A_{ij} para todo $1 \leq i, j \leq 3$. Assim teremos 9 matrizes menores, e elas são:

$$A_{11} = \begin{bmatrix} 1 & 1 \\ 8 & 4 \end{bmatrix}, \ A_{12} = \begin{bmatrix} 0 & 1 \\ -2 & 4 \end{bmatrix}, \ A_{13} = \begin{bmatrix} 0 & 1 \\ -2 & 8 \end{bmatrix},$$

$$A_{21} = \begin{bmatrix} 2 & 3 \\ 8 & 4 \end{bmatrix}, \ A_{22} = \begin{bmatrix} -1 & 3 \\ -2 & 4 \end{bmatrix}, \ A_{23} = \begin{bmatrix} -1 & 2 \\ -2 & 8 \end{bmatrix},$$

$$A_{31} = \begin{bmatrix} 2 & 3 \\ 1 & 1 \end{bmatrix}, \ A_{32} = \begin{bmatrix} -1 & 3 \\ 0 & 1 \end{bmatrix}, \ A_{33} = \begin{bmatrix} -1 & 2 \\ 0 & 1 \end{bmatrix}.$$

Agora teremos que calcular os números cofatores Δ_{ij} para todo

Diagonalização das Matrizes 43

$1 \leq i, j \leq 3$. Logo:

$$\begin{aligned}
\Delta_{11} &= (-1)^{1+1}det(A_{11}) &=& -4 & \Delta_{12} &= (-1)^{1+2}det(A_{12}) &=& -2, \\
\Delta_{13} &= (-1)^{1+3}det(A_{13}) &=& 2 & \Delta_{21} &= (-1)^{2+1}det(A_{21}) &=& 16, \\
\Delta_{22} &= (-1)^{2+2}det(A_{22}) &=& 2 & \Delta_{23} &= (-1)^{2+3}det(A_{23}) &=& 4, \\
\Delta_{31} &= (-1)^{3+1}det(A_{31}) &=& -1 & \Delta_{32} &= (-1)^{3+2}det(A_{32}) &=& 1, \\
\Delta_{33} &= (-1)^{3+3}det(A_{33}) &=& -1.
\end{aligned}$$

Portanto, temos que $\Delta = \begin{bmatrix} -4 & -2 & 2 \\ 16 & 2 & 4 \\ -1 & 1 & -1 \end{bmatrix}$.

Definição 3.4. A **matriz adjunta** da matriz $A \in M_n$ é a matriz $^t\Delta$ a transposta de matriz cofator.

Por exemplo, a matriz adjunta da matriz A do exemplo precedente é a matriz $^t\Delta = \begin{bmatrix} -4 & 16 & -1 \\ -2 & 2 & 1 \\ 2 & 4 & -1 \end{bmatrix}$.

Teorema 3.5. Se Δ é a matriz cofator da matriz A então o produto de A com a matriz adjunta comuta com A e o produto é $(det(A))I$. Em outras palavras temos que

$$^t\Delta A = A \,^t\Delta = (det(A))I.$$

Demonstração. Isso é uma conseqüência da expansão do determinante de A e as seguintes identidades (3.1) e (3.2). Mais precisamente, temos que

$$\sum_{i=1}^{n} a_{ij}\Delta_{i\ell} = \delta_{j\ell}det(A), \tag{3.1}$$

$$\sum_{j=1}^{n} a_{ij}\Delta_{\ell j} = \delta_{i\ell}det(A), \tag{3.2}$$

onde a função $\delta_{xy} = \begin{cases} 1 & \text{se } x = y \\ 0 & \text{se } x \neq y \end{cases}$. Essa é a função (1.6) que já foi introduzido na demonstração da Proposição 1.7, ela é conhecida como a função **delta de Kronecker**.

44 Uma Introdução à Àlgebra Linear

Para demonstrar a identidade (3.1) vamos considerar dois casos. Primeiro, suponhamos que $j = \ell$. Então devemos verificar se a identidade

$$a_{1j}\Delta_{1j} + a_{2j}\Delta_{2j} + \cdots + a_{nj}\Delta_{nj} = det(A)$$

é verdadeira. Obviamente essa identidade é verdadeira, pois ela é exatamente a expansão do determinante a respeito de j-ésima coluna de A. No segundo caso teremos que supor $j \neq \ell$. Neste caso devemos verificar se

$$a_{1j}\Delta_{1\ell} + a_{2j}\Delta_{2\ell} + \cdots + a_{nj}\Delta_{n\ell} = 0.$$

Mas, o lado esquerdo da expressão acima é igual ao determinate da matriz obtida através de A após substituir a j-ésima coluna de A na sua ℓ-ésima coluna. E que o determinante de tal matriz é zero (veja o Teorema 2.14). Isso completa a demonstração de identidade (3.1). A demonstração da identidade (3.2) é bastante semelhante e será deixado para o leitor interessado a fazer.

Vamos ver os detalhes dessa demonstração para matrizes 2×2. Nesse caso teremos

$$A = \begin{bmatrix} a_{11} & a_{12} \\ a_{21} & a_{22} \end{bmatrix}, \quad e \quad \Delta = \begin{bmatrix} a_{22} & -a_{21} \\ -a_{12} & a_{11} \end{bmatrix}.$$

Agora,

$$A\,^t\Delta = \begin{bmatrix} a_{11} & a_{12} \\ a_{21} & a_{22} \end{bmatrix} \begin{bmatrix} a_{22} & -a_{12} \\ -a_{21} & a_{11} \end{bmatrix}$$

$$= \begin{bmatrix} a_{11}a_{22} - a_{12}a_{21} & -a_{11}a_{12} + a_{12}a_{11} \\ a_{21}a_{22} - a_{22}a_{21} & -a_{21}a_{12} + a_{22}a_{11} \end{bmatrix}$$

$$= \begin{bmatrix} det(A) & 0 \\ 0 & det(A) \end{bmatrix} = (det(A))I.$$

Da mesma forma $\,^t\Delta A = (det(A))I$.

3.1.1 O cálculo da inversa

Uma das conseqüências mais interessantes do teorema anterior é o fato de que esse teorema nos mostra como calcular a inversa de uma matriz inversível. Relembre que A é inversível se e somente se $det(A) \neq 0$ (veja Execrício 1). Agora, suponhamos que A é inversível (isto é que $det(A) \neq 0$). Nesse caso pelo teorema anterior temos que

$$A^{-1} = \frac{1}{det(A)} \, {}^t\Delta. \tag{3.3}$$

Para chegar a esta identidade basta multiplicar a identidade

$$A \, {}^t\Delta = det(A)I$$

do teorema anterior por A^{-1} pelo lado esquerdo.

Exemplo 3.6. Vamos calcular a inversa da matriz

$$A = \begin{bmatrix} -1 & 2 & 3 \\ 0 & 1 & 1 \\ -2 & 8 & 4 \end{bmatrix}$$

do Exemplo 3.3 cujo determinante é 6. Já que sabemos

$$ {}^t\Delta = \begin{bmatrix} -4 & 16 & -1 \\ -2 & 2 & 1 \\ 2 & 4 & -1 \end{bmatrix},$$

então pela identidade (3.3) temos que

$$A^{-1} = \frac{1}{6} \begin{bmatrix} -4 & 16 & -1 \\ -2 & 2 & 1 \\ 2 & 4 & -1 \end{bmatrix} = \begin{bmatrix} -\frac{2}{3} & \frac{8}{3} & -\frac{1}{6} \\ -\frac{1}{3} & \frac{1}{3} & \frac{1}{6} \\ \frac{1}{3} & \frac{2}{3} & -\frac{1}{6} \end{bmatrix}.$$

46 Uma Introdução à Àlgebra Linear

Exemplo 3.7. Suponha que $A = \begin{bmatrix} a & b \\ c & d \end{bmatrix}$ e $det(A) = ad - bc \neq 0$.
Neste caso temos a seguinte fórmula para calcular A^{-1}:

$$A^{-1} = \frac{1}{ad - bc} \begin{bmatrix} d & -b \\ -c & a \end{bmatrix} = \begin{bmatrix} \frac{d}{ad-bc} & -\frac{b}{ad-bc} \\ -\frac{c}{ad-bc} & \frac{a}{ad-bc} \end{bmatrix}.$$

Teorema 3.8. (1) A inversa de uma matriz é única.

(2) $I^{-1} = I$.

(3) Se a matriz diagonal $A = diag(a_{11}, a_{22}, \cdots, a_{nn})$ é inversível então,

$$A^{-1} = diag(a_{11}^{-1}, a_{22}^{-1}, \cdots, a_{nn}^{-1}).$$

(4) Se A é uma matriz inversível então,

$$({}^{t}A)^{-1} = {}^{t}(A^{-1}).$$

(5) Se A é uma matriz inversível então,

$$(A^{-1})^{-1} = A.$$

(6) Se $A, B \in M_n$ são inversíveis então,

$$(AB)^{-1} = B^{-1}A^{-1}.$$

Demonstração. O cálculo da inversa (fórmula (3.3)) mostra que a inversa é unicamente determinada. E a seguinte demonstração é conseqüência direta da definição. Se A tiver mais de uma inversa então ela tem pelo menos duas inversas; digamos R_1 e R_2. Então pela definição temos que

$$AR_1 = I = R_1A, \quad AR_2 = I = R_2A.$$

Agora, vamos multiplicar a primeira igualdade da primeira identidade por R_2 de lado esquerdo, e a segunda igualdade da segunda identidade por R_1 do lado direito, isso nós dará

$$R_2AR_1 = R_2, \quad R_1 = R_2AR_1.$$

Portanto $R_1 = R_2$. Isso mostra que a inversa é única. Os itens (2), (3), e (4) são conseqüência direta de cálculo da inversa (fórmula (3.3)). Vamos demonstrar o item (5). Para isso basta usar a definição da inversa (Definição 3.1) e o item (1) do Teorema 3.8. O fato de que

$$(AB)(B^{-1}A^{-1}) = I, \quad e \quad (B^{-1}A^{-1})(AB) = I$$

mostra que $R = B^{-1}A^{-1}$ é a inversa de AB.

3.2 Autovalores e Autovetores

Agora que temos um conhecimento razoável sobre determinante de matrizes, podemos usar esse conhecimento e definir duas das mais importantes noções associadas as matrizes quadradas. Essas noções são autovalores e autovetores, respectivamente. Para conseguirmos definir o(s) autovalor(es) e o(s) autovetor(es) da uma matriz, precisaremos definir o polinômio característico de matrizes quadradas.

3.2.1 Polinômio característico

O polinômio característico de uma matriz quadrada $n \times n$ é um polinômio de grau n cujo coeficiente de termo x^n é 1 (chamaremos tal polinômio de **polinômio mônico**). Portanto a forma geral de polinômio característico de uma matriz A é:

$$x^n + \alpha_1 x^{n-1} + \alpha_2 x^{n-2} + \cdots + \alpha_{n-1}x + \alpha_n,$$

onde os coeficientes $\alpha_1, \cdots, \alpha_n$ são elementos do conjunto de números N.

Definição 3.9. Seja $A \in M_n$. O **polinômio característico** de A é o polinômio

$$P_A(x) = det(xI - A).$$

48 Uma Introdução à Àlgebra Linear

Observe que nessa definição como sempre I é a matriz identidade. Como podemos ver o determinante do lado direito define um polinômio. Ele é de grau n e mônico.

Exemplo 3.10. Seja $A = \begin{bmatrix} 1 & -1 & 0 \\ 2 & 1 & 3 \\ 0 & 1 & 1 \end{bmatrix}$. O polinômio característico de A é o seguinte:

$$
\begin{aligned}
P_A(x) &= det\left(\begin{bmatrix} x & 0 & 0 \\ 0 & x & 0 \\ 0 & 0 & x \end{bmatrix} - \begin{bmatrix} 1 & -1 & 0 \\ 2 & 1 & 3 \\ 0 & 1 & 1 \end{bmatrix} \right) \\
&= det\left(\begin{bmatrix} x-1 & 1 & 0 \\ -2 & x-1 & -3 \\ 0 & -1 & x-1 \end{bmatrix} \right) \\
&= (x-1)((x-1)^2 - 3) - (-2(x-1)) \\
&= (x-1)((x-1)^2 - 3) + 2(x-1) \\
&= (x-1)((x-1)^2 - 1) \\
&= (x-1)^3 - (x-1) \\
&= x^3 - 3x^2 + 3x - 1 - x + 1 \\
&= x^3 - 3x^2 + 2x
\end{aligned}
$$

No caso das matrizes 2×2 o polinômio característico está completamente determinado pelo determinante e o traço da matriz. Veja o exemplo a seguir.

Exemplo 3.11. Seja $A = \begin{bmatrix} a & b \\ c & d \end{bmatrix}$. O polinômio característico de A é:

$$
\begin{aligned}
P_A(x) &= det\left(\begin{bmatrix} x & 0 \\ 0 & x \end{bmatrix} - \begin{bmatrix} a & b \\ c & d \end{bmatrix} \right) \\
&= det\left(\begin{bmatrix} x-a & -b \\ -c & x-d \end{bmatrix} \right) \\
&= (x-a)(x-d) - bc \\
&= x^2 - ax - dx + ad - bc \\
&= x^2 - (a+d)x + ad - bc \\
&= x^2 - tr(A)x + det(A).
\end{aligned}
$$

Diagonalização das Matrizes 49

Em geral é possível demonstrar (veja o livro [Sho tmc]) que os coeficientes do polinômio característico de uma matriz $A = (a_{ij})$ têm as seguintes propriedades em relação com o seu determinante e traço. Se escrevermos

$$P_A(x) = x^n + \alpha_1 x^{n-1} + \cdots + \alpha_{n-1} x + \alpha_n$$

teremos que

$$\alpha_1 = -(a_{11} + a_{22} + \cdots + a_{nn}) = -tr(A), \quad \text{e} \quad \alpha_n = (-1)^n det(A). \tag{3.4}$$

Definição 3.12. Um **autovalor** de uma matriz quadrada é uma raíz do seu polinômio característico.

Por exemplo, os autovalores da matriz do Exemplo 3.10 são $0, 1, 2$. Os autovalores de qualquer matriz diagonal ou triangular são os elementos de diagonal da matriz (veja exercícios no final desse capítulo).

Definição 3.13. Seja $A \in M_n$, e λ um autovalor de A. Pela definição um **autovetor** associado a λ é uma matriz não nula coluna $v \in M_{n \times 1}$ tal que

$$Av = \lambda v.$$

O conjunto de todas as matrizes colunas $v \neq 0$ que satisfazem a equação $Av = \lambda v$ é o **auto-espaço de** λ.

Observe que a igualdade $Av = \lambda v$ é nada mais que a igualdade de duas matrizes colunas e que isso implica num sistema linear de equações. Esse sistema não terá uma única solução, pois como o seguinte resultado mostra, se v é um autovetor para λ então αv também é um autovetor para λ quaisquer que seja o número não nulo α.

Proposição 3.14. Não existe um único autovetor. De fato, se λ

50 Uma Introdução à Àlgebra Linear

é um autovalor de matriz A, e v um autovetor de A associado a λ, então para quaisquer número $\alpha \in F$ com $\alpha \neq 0$, a matriz coluna αv também é um autovetor associado a λ para A.

Demonstração. Seja $w = \alpha v$. Queremos mostrar que $Aw = \lambda w$. Para fazer isso calcularemos Aw. Logo:

$$Aw = A\alpha v = \alpha Av = \alpha \lambda v = \lambda w.$$

Isso completa a demonstração.

Exemplo 3.15. (1) Seja $A = \begin{bmatrix} 1 & 2 \\ \frac{1}{2} & 1 \end{bmatrix}$. O polinômio característico dessa matriz é $P_A(x) = x^2 - 2x$. As raízes são 0 e 2. Elas são os autovalores de A. Vamos determinar os autovetores associados a eles. Pela definição de autovetores, um autovetor para $\lambda = 0$ é uma matriz coluna v in $M_{2\times 1}$ tal que $Av = 0v = 0$. Essa igualdade nos leva a seguinte sistema de equações:

$$A \begin{bmatrix} x \\ y \end{bmatrix} = \begin{bmatrix} 1 & 2 \\ \frac{1}{2} & 1 \end{bmatrix} \begin{bmatrix} x \\ y \end{bmatrix} = 0 \begin{bmatrix} x \\ y \end{bmatrix} = \begin{bmatrix} 0 \\ 0 \end{bmatrix}.$$

Equivalentemente teremos que $\begin{cases} x + 2y = 0 \\ \frac{1}{2}x + y = 0 \end{cases}$. As equações desse sistema são na verdade mesmas, pois por exemplo a segunda equação é metade da primeira. Portanto só temos uma equação a considerar, a equação $x + 2y = 0$. E essa tem infinitas respostas, tendo uma variável dependendo da outra. Em outras palavras temos que $x = -2y$. Portanto a forma geral do autovetor v é $v = {}^t[-2y \; y] = \begin{bmatrix} -2y \\ y \end{bmatrix}$. Denotaremos esse autovetor por v_1, e escolheremos um número não nulo para y, por exemplo $y = 1$. Isso nos dará que $v_1 = {}^t[-2 \; 1]$. Como o leitor pode observar todos os outros autovetores são obtidos pela multiplicação de um escalar não nulo α por v_1 (veja a proposição precedente). Da mesma forma podemos calcular os autovetores associados a autovalor $\lambda = 2$. Usando

Diagonalização das Matrizes 51

a definição devemos resolver o sistema obtido pela equação $Av = 2v$. O sistema obtido será da seguinte forma $\begin{cases} x + 2y = 2x \\ \frac{1}{2}x + y = 2y \end{cases}$. Simplificando as equações podemos ver que as duas equações de fato são iguais, e, portanto, podemos escolher uma delas, digamos a primeira. Portanto $2y = x$. Logo o autovetor associado a $\lambda = 2$ será igual a $v = {}^t[2y \quad y] = \begin{bmatrix} 2y \\ y \end{bmatrix}$. Se escolhermos um número não nulo para y digamos $y = 1$ e denotaremos por v_2 o resultado após de substituição, termos $v_2 = {}^t[2 \quad 1]$. Todos os autovetores de A associados a $\lambda = 2$ são obtidos pela multiplicação de um escalar não nulo α por v_2.

(2) Seja $A = \begin{bmatrix} 1 & 0 & 1 \\ -1 & 1 & 0 \\ 0 & -1 & 1 \end{bmatrix}$. Para achar os autovalores de A devemos começar com o polinômio característico. Para essa matriz

$$\begin{aligned} P_A(x) &= det(xI - A) \\ &= (x - 1)^3 - 1 \\ &= x^3 - 3x^2 + 3x - 2. \end{aligned}$$

Nesse livro para achar as raízes inteiras de um polinômio de grau 3 usaremos o seguinte método: Procuraremos os divisores de termo constante do polinômio (nesse caso esses divisores serão $\pm 1, \pm 2$) e substituiremos esses divisores no lugar de x no polinômio $P_A(x)$. Se para alguns deles, digamos para um divisor a o polinômio anulou, então esses são raízes (no caso de nosso exemplo, $P_A(2) = 0$, e $a = 2$) e o polinômio é divisível por $x - a$. O resultado da divisão será um polinômio quadrático que pode ser resolvido (no nosso exemplo $P_A(x) = (x-2)(x^2 - x + 1)$). Portanto os autovalores de A são o número real 2 e os números complexos $\frac{1 \pm i\sqrt{3}}{2}$. Calcularemos os autovetores associados a esses autovalores. Para $\lambda = 2$ a definição

52 Uma Introdução à Álgebra Linear

de autovetor nos diz que $Av = 2v$. Isso implica o seguinte sistema:

$$\begin{bmatrix} 1 & 0 & 1 \\ -1 & 1 & 0 \\ 0 & -1 & 1 \end{bmatrix} \begin{bmatrix} x \\ y \\ z \end{bmatrix} = 2 \begin{bmatrix} x \\ y \\ z \end{bmatrix}.$$

Equivalentemente isso implica que $\begin{cases} x + z = 2x \\ -x + y = 2y \\ -y + z = 2z \end{cases}$. Logo $x = z$, $x = -y$, e $y = -z$. Portanto a forma geral dos autovetores correspondentes a $\lambda = 2$ é $v = {}^t[x \quad -x \quad x]$. Podemos escolher $x = 1$ e determinar o autovetor $v_1 = {}^t[1 \quad -1 \quad 1]$. E todos os outros autovetores serão um múltiplo desse por escalares não nulos. Para calcular os autovetores associados a autovalores complexos usaremos a definição $Av = \lambda v$ que em geral resulta no sistema $\begin{cases} x + z = \lambda x \\ -x + y = \lambda y \\ -y + z = \lambda z \end{cases}$, que implica $z = x(\lambda - 1)$ e $y = -x(\lambda - 1)^2$. Logo a forma geral de autovetores correspondentes a esse autovalor λ são

$$v = {}^t[x \quad -x(\lambda - 1)^2 \quad x(\lambda - 1)].$$

Por exemplo para $\lambda = \frac{1 + i\sqrt{3}}{2}$ os autovetores são

$$\begin{aligned} v &= {}^t[x \quad -x(\tfrac{1 + i\sqrt{3}}{2} - 1)^2 \quad x(\tfrac{1 + i\sqrt{3}}{2} - 1)] \\ &= {}^t[x \quad -x(\tfrac{-1 + i\sqrt{3}}{2})^2 \quad x(\tfrac{-1 + i\sqrt{3}}{2})]. \end{aligned}$$

E agora podemos escolher um número para x, como $x = 1$ e calcular o autovetor

$$v_2 = {}^t[1 \quad -(\frac{1 + i\sqrt{3}}{2} - 1)^2 \quad (\frac{1 + i\sqrt{3}}{2} - 1)]$$

que é igual ao seguinte

$$v_2 = {}^t[1 \quad \frac{1 + i\sqrt{3}}{2} \quad \frac{-1 + i\sqrt{3}}{2}].$$

E todos os outros autovetores são um múltiplo não nulo desse.

Como o leitor pode observar, nos exemplos acima sempre foi encontrado sistemas lineares de equações homogênea com infinitas soluções. Essa situação é a consequência do fato de que pelo menos uma das equações depende de outras. Isso quer dizer que na verdade o sistema de equações obtidas de definição $\lambda v = A v$ para uma matriz $n \times n$ não é um sistema de n equações e n incógnitas. Ele tem menos de n equações, e por isso sempre existe pelo menos uma incógnita tal que os outras podem ser determinadas através dela. Mais precisamente, vamos considerar a equação $\lambda v = A v$. Podemos escrever está equação na forma $(\lambda I - A)v = 0$. Mas, sabemos que a coluna (matriz) v é não nula, portanto se o determinante da matriz $\lambda I - A$ fosse não nulo poderíamos multiplicar pela esquerda a igualdade $(\lambda I - A)v = 0$ por inversa de $\lambda I - A$ para chegar a igualdade $v = 0$. Mas isso é absurdo, pois $v \neq 0$ pela suposição. Então $det(\lambda I - A) = 0$ (e isso é uma situação natural e verdadeira, pois λ é um autovalor). E isso (como veremos no Capítulo 7) implica que pelo menos uma das equações do sistema $(\lambda I - A)v = 0$ depende das outras.

3.3 Matrizes Semelhantes

A definição de diagonalização das matrizes começa com a definição e um estudo básico de matrizes semelhantes.

Definição 3.16. Duas matrizes $A, B \in M_n$ são **semelhantes** quando existe uma matriz inversível $S \in M_n$ tal que

$$S^{-1}AS = B.$$

E neste caso dizemos que A **é semelhante com** B. A matriz S é uma **matriz de similaridade** e quando as suas entradas são

54 Uma Introdução à Àlgebra Linear

números reais dizemos que A e B são **semelhantes sobre** $\mathbb{R}$.

As seguintes propriedades são entre as mais básicas propriedades de matrizes semelhantes.

Proposição 3.17. (1) Toda matriz quadrada A é semelhante com si-mesma.

(2) Se A é semelhante com B, então B também é semelhante com A.

(3) Se A é semelhante com B e B é semelhante com C, então A é semelhante com C.

Demonstração. Para provar item (1) usaremos $S = I$. Para provar item (2) suponhamos que $S^{-1}AS = B$. Após multiplicar essa igualdade do lado esquerdo por S e do lado direito por S^{-1} chegaremos a identidade $A = SBS^{-1}$. Agora, seja $Q = S^{-1}$. Então $Q^{-1}BQ = A$. Isso mostra que B é semelhante com A. Para demonstrar o item (3) teremos que fazer os seguintes cálculos. Pela suposição existem matrizes inversíveis S_1, S_2 tal que $S_1^{-1}AS_1 = B$ e $S_2^{-1}BS_2 = C$. Calculando B da primeira igualdade e substituindo o resultado na segunda igualdade, teremos $S_2^{-1}S_1^{-1}AS_1S_2 = C$. Colocando $S = S_1S_2$, podemos escrever a igualdade anterior na forma $S^{-1}AS = C$. Portanto A é semelhante com C. Isso completa a demonstração.

Exemplo 3.18.(1) A matriz $A = \begin{bmatrix} 1 & 1 \\ 0 & 1 \end{bmatrix}$ não é semelhante com a matriz I (matriz identidade 2×2), pois a única matriz semelhante com I é a matriz identidade (por quê?).

(2) A matriz $A = \begin{bmatrix} 0 & 1 \\ 1 & 0 \end{bmatrix}$ é semelhante com a matriz $B = \begin{bmatrix} 1 & 0 \\ 0 & -1 \end{bmatrix}$. Nesse caso $S = \begin{bmatrix} \frac{1}{2} & \frac{1}{2} \\ \frac{1}{2} & -\frac{1}{2} \end{bmatrix}$ e $S^{-1} = \begin{bmatrix} 1 & 1 \\ 1 & -1 \end{bmatrix}$. É fácil verificar que $S^{-1}AS = B$. Mas, o leitor deve observar que a matriz

Diagonalização das Matrizes 55

S não é única. Em outras palavras, existem muitas outras matrizes que servem como S, por exemplo, a matriz $Q = \begin{bmatrix} 2 & 2 \\ 2 & -2 \end{bmatrix}$ também pode ser usada em lugar de S. Nesse caso $Q^{-1} = \begin{bmatrix} \frac{1}{4} & \frac{1}{4} \\ \frac{1}{4} & -\frac{1}{4} \end{bmatrix}$.

(3) As matrizes $A = \begin{bmatrix} 0 & 1 \\ -1 & 0 \end{bmatrix}$ e $B = \begin{bmatrix} i & 0 \\ 0 & -i \end{bmatrix}$ são semelhantes sobre o corpo $F = \mathbb{C}$ mas não são semelhantes sobre corpo $\mathbb{R}$, pois nesse caso a matriz S terá algumas das suas entradas no corpo complexo $\mathbb{C}$.

(4) As matrizes $A = \begin{bmatrix} 0 & 2 \\ -2 & 0 \end{bmatrix}$ e $B = \begin{bmatrix} 2 & -1 \\ 8 & -2 \end{bmatrix}$ são matrizes reais (as suas entradas são números reais) e tem os mesmos polinômios característicos e elas são semelhantes sobre o corpo $\mathbb{C}$ mas não sobre o corpo $\mathbb{R}$. As duas são semelhantes com a matriz $\begin{bmatrix} 2i & 0 \\ 0 & -2i \end{bmatrix}$.

O seguinte teorema é fundamental e ele pode ser usado para mostrar quando duas matrizes não são semelhantes.

Teorema 3.19. Se duas matrizes $A, B \in M_n$ são semelhantes, então elas têm o mesmo polinômio característico (e então os mesmos autovalores).

Demonstração. Suponhamos que $S^{-1}AS = B$, onde $S \in M_n$ é inversível. Portanto $xI - S^{-1}AS = S^{-1}(xI - A)S$. Mas o lado esquerdo dessa igualdade é $xI - B$. Então temos que $xI - B = S^{-1}(xI - A)S$. Calculando o determinante de dois lados teremos que

$$\begin{aligned} P_B(x) &= det(xI - B) \\ &= det(S^{-1})det(xI - A)det(S) \\ &= det(xI - A) = P_A(x). \end{aligned}$$

Isso completa a demonstração.

56 Uma Introdução à Àlgebra Linear

Por exemplo, as matrizes $\begin{bmatrix} 1 & 2 \\ -1 & 3 \end{bmatrix}$ e $\begin{bmatrix} 0 & 1 \\ 2 & 4 \end{bmatrix}$ não podem ser semelhantes, pois elas não têm o mesmo polinômio característico.

Definição 3.20. Dizemos que uma matriz $n \times n$ quadrada A é **diagonalizável** (sobre F) quando existir uma matriz inversível $S \in M_n$ e uma matriz diagonal D tal que

$$S^{-1}AS = D. \tag{3.5}$$

Nesse caso chamaremos S de **matriz diagonalizadora**.

Portanto A é diagonalizável se ela é semelhante com uma matriz diagonal.

Por exemplo, a matriz $A = \begin{bmatrix} 0 & 1 \\ 1 & 0 \end{bmatrix}$ do Exemplo 3.18 é diagonalizável sobre $\mathbb{R}$, pois ela é semelhante com a matriz diagonal $B = \begin{bmatrix} 1 & 0 \\ 0 & -1 \end{bmatrix}$, e neste caso $S \in M_2(\mathbb{R})$. Como podemos ver, na prática para saber se uma matriz é diagonalizável ou não devemos saber se existe S com as propriedades citadas na definição precedente. A seguir discutiremos a maneira prática de determinar S caso ela exista.

3.3.1 O cálculo de matriz diagonalizadora

Para entender se a matriz S existe, e como calculá-la usaremos a definição a seguir.

Definição 3.21. Seja A uma matriz $n \times n$. Suponha que $v_1, v_2, \cdots v_\ell$ são todos os autovetores distintos de A. Se $\ell = n$, a **matriz de autovetores** de A é a matriz
$$U = \begin{bmatrix} v_1 & v_2 & \cdots & v_n \end{bmatrix}$$
formada pelos autovetores $v_1, v_2, \cdots, v_n$ na posição colunar. Observase que essa matriz não é única, pois existem infinitos autovetores associados a um autovalor.

Exemplo 3.22. A matriz de autovetores de $A = \begin{bmatrix} 2 & -1 \\ 8 & -2 \end{bmatrix}$ é a

Diagonalização das Matrizes 57

matriz $U = \begin{bmatrix} 1 & 1 \\ 2(1-i) & 2(1+i) \end{bmatrix}$. Na verdade a matriz A tem dois autovalores $\pm 2i$ e para eles todos os autovetores são $^t[x \ 2x(1-i)]$ e $^t[x \ 2x(1+i)]$ respectivamente. A nossa matriz U foi determinada usando $x = 1$.

Teorema 3.23. Se A uma matriz $n \times n$ quadrada e se tiver n autovetores tal que $det(U) \neq 0$, então A é diagonalizável e $S = U$ satisfaz a condição (3.5). Em outras palavras U é uma matriz diagonalizadora.

Demonstração. Quando $det(U) \neq 0$, U é inversível. Para completar a demonstração basta provar que $U^{-1}AU$ é uma matriz diagonal. Mas,

$$
\begin{aligned}
U^{-1}AU &= U^{-1}[Av_1 \ Av_2 \ \cdots Av_n] \\
&= U^{-1}[\lambda_1 v_1 \ \lambda_2 v_2 \ \cdots \lambda_n v_n] \\
&= U^{-1}[v_1 \lambda_1 \ v_2 \lambda_2 \ \cdots v_n \lambda_n] \\
&= U^{-1}UD \\
&= D
\end{aligned}
$$

onde D é a matriz diagonal cujos elementos diagonais são os autovalores $\lambda_1, \lambda_2, \cdots, \lambda_n$. Isso completa a demonstração.

Observe que a nossa demonstração está mostrando que os elementos de diagonais da matriz $U^{-1}AU$ são sempre os autovalores de A. A posição desses autovalores depende da escolha de posição dos autovetores na U.

Exemplo 3.24. Com dados do exemplo precedente

$$
U^{-1} = \frac{1}{4i} \begin{bmatrix} 2(1+i) & -1 \\ -2(1-i) & 1 \end{bmatrix}
$$

e $U^{-1}AU = \begin{bmatrix} 2i & 0 \\ 0 & -2i \end{bmatrix}$. Logo, A é diagonalizável sobre $\mathbb{C}$. Se

58 Uma Introdução à Álgebra Linear

tivéssemos usado

$$U = \begin{bmatrix} 1 & 1 \\ 2(1+i) & 2(1-i) \end{bmatrix},$$

teríamos $U^{-1}AU = \begin{bmatrix} -2i & 0 \\ 0 & 2i \end{bmatrix}$.

Com foi discutida na parte (2) do Exemplo 3.18, a matriz S quando existe, não é única, e na verdade para todo escalar não nula α, a matriz αS serve como uma nova matriz da autovetores. Mas a matriz diagonal D será única ao menos da ordem de elementos de diagonal, que na verdade são autovalores de A.

3.4   Polinômio Matricial

Como sabemos, a forma geral de um polinômio de grau k e variável x com coeficientes $a_0, a_1, \cdots a_k$ do corpo de números F é

$$P(x) = \alpha_0 x^k + \alpha_1 x^{k-1} + \cdots + \alpha_{k-1}x + \alpha_k.$$

Na álgebra linear e basicamente no estudo das matrizes é importante trabalhar com polinômios matriciais. A seguinte definição nos mostra o que é um polinômio matricial.

Definição 3.25. Um **polinômio matricial** é uma matriz da forma

$$P(A) = \alpha_0 A^k + \alpha_1 A^{k-1} + \cdots + \alpha_{k-1}A + \alpha_k I,$$

onde $A \in M_n$ e $I = I_n$ é a matriz identidade $n \times n$.

Em princípio dado um polinômio $P(x)$ e uma matriz quadrada A podemos formar o polinômio matricial de A usando a definição acima. Veja o exemplo a seguir.

Exemplo 3.26. Seja $P(x) = x^3 + 2x + 8$ e $A = \begin{bmatrix} -1 & 0 & 1 \\ 1 & 1 & 0 \\ 0 & -1 & 1 \end{bmatrix}$.

Diagonalização das Matrizes 59

Vamos calcular $P(A)$. Para isso devemos determinar inicialmente as matrizes A^2 e A^3. Temos que

$$A^2 = AA = \begin{bmatrix} -1 & 0 & 1 \\ 1 & 1 & 0 \\ 0 & -1 & 1 \end{bmatrix} \begin{bmatrix} -1 & 0 & 1 \\ 1 & 1 & 0 \\ 0 & -1 & 1 \end{bmatrix} = \begin{bmatrix} 1 & -1 & 0 \\ 0 & 1 & 1 \\ -1 & -2 & 1 \end{bmatrix},$$

e

$$A^3 = AA^2 = \begin{bmatrix} -1 & 0 & 1 \\ 1 & 1 & 0 \\ 0 & -1 & 1 \end{bmatrix} \begin{bmatrix} 1 & -1 & 0 \\ 0 & 1 & 1 \\ -1 & -2 & 1 \end{bmatrix} = \begin{bmatrix} -2 & -1 & 1 \\ 1 & 0 & 1 \\ -1 & -3 & 0 \end{bmatrix}.$$

Por outro lado

$$2A = \begin{bmatrix} -2 & 0 & 2 \\ 2 & 2 & 0 \\ 0 & -2 & 2 \end{bmatrix}, \quad 8I = \begin{bmatrix} 8 & 0 & 0 \\ 0 & 8 & 0 \\ 0 & 0 & 8 \end{bmatrix}.$$

Portanto $P(A) = A^3 + 2A + 8I = \begin{bmatrix} 4 & -1 & 3 \\ 3 & 10 & 1 \\ -1 & -5 & 10 \end{bmatrix}$.

Definição 3.27. Um polinômio $P(x)$ é **polinômio anulador** de uma matriz A se, $P(A) = 0$. Neste caso também dizemos que $P(x)$ **anula** A.

Exemplo 3.28. Seja $A = \begin{bmatrix} 0 & 1 & 1 \\ 0 & 0 & 1 \\ 0 & 0 & 0 \end{bmatrix}$ e $P(x) = x^3$. O polinômio $P(x)$ anula A, pois

$$P(A) = AA^2 = \begin{bmatrix} 0 & 1 & 1 \\ 0 & 0 & 1 \\ 0 & 0 & 0 \end{bmatrix} \begin{bmatrix} 0 & 0 & 1 \\ 0 & 0 & 0 \\ 0 & 0 & 0 \end{bmatrix} = \begin{bmatrix} 0 & 0 & 0 \\ 0 & 0 & 0 \\ 0 & 0 & 0 \end{bmatrix}.$$

Uma das propriedades mais importantes do polinômio característico é o fato de que $P_A(A) = 0$. Esse resultado, devido ao Cayley

60 Uma Introdução à Álgebra Linear

e Hamilton, mostra que o polinômio característico anula a matriz em questão.

Teorema (Cayley e Hamilton) 3.29. Seja $A \in M_n$ e $P_A(x)$ sua polinômio característico. Então $P_A(A) = 0$. Em outras palavras $P_A(x)$ é um polinômio anulador de A.

Demonstração. Seja $\Delta = (\Delta_{ij})$ a matriz cofator da matriz $xI - A$. Os números cofatores Δ_{ij} são polinômios de grau no máximo $n - 1$. Colocando

$$\Delta_{ij} = b_{ij,0}x^{n-1} + b_{ij,1}x^{n-2} + \cdots + b_{ij,n-1}, \quad \text{e } B_\ell = {}^t(b_{ij,\ell})$$

e usando a identidade

$$ {}^t\Delta(xI - A) = (xI - A){}^t\Delta = (det(xI - A))I $$

do Teorema 3.5, teremos

$$
\begin{aligned}
(det(xI - A))I &= (xI - A)(x^{n-1}B_0 + x^{n-2}B_1 + \cdots + b_{n-1}) \\
&= (x^{n-1}B_0 + x^{n-2}B_1 + \cdots + b_{n-1})(xI - A).
\end{aligned}
$$

Essa igualdade implica que as matrizes $B_0, B_1, \cdots, B_{n-1}$ todas comutam com A (em outras palavras $B_iA = AB_i$ para todo $i = 1, \cdots, n - 1$). Portanto podemos substituir A na variável x e obter

$$ P_A(A) = (A - A)(A^{n-1}B_0 + A^{n-2}B_1 + \cdots + B_{n-1}) = 0. $$

Isso completa a demonstração do teorema.

Outro polinômio muito importante na álgebra linear e particularmente na teoria das matrizes quadradas é o polinômio mínimo.

Definição 3.30. O **polinômio mínimo** de $A \in M_n$ é o único polinômio não constante $m_A(x)$ satisfazendo as seguintes condições:

(1) O coeficiente dominante (coeficiente de maior potência de x) é 1 (isso quer dizer que $m_A(x)$ é um polinômio mônico),

Diagonalização das Matrizes 61

(2) Entre todos os polinômios que anulam A, o polinômio $m_A(x)$ tem o menor grau possível.

Por exemplo, o polinômio $m_A(x) = x^3$ do exemplo precedente é o polinômio mínimo de A.

A seguir provaremos duas proposições que nos ajudarão determinar o polinômio mínimo de matrizes.

Proposição 3.31. O polinômio mínimo $m_A(x)$ divide o polinômio característico $P_A(x)$.

Demonstração. Se $m_A(x)$ não divide $P_A(x)$ então, na divisão de $P_A(x)$ por $m_A(x)$, teremos um resto não nulo que é um polinômio $R_A(x) \neq 0$ com grau menor que o grau de $m_A(x)$, então existe um polinômio $Q_A(x)$ tal que

$$P_A(x) = Q_A(x)m_A(x) + R_A(x).$$

Substituindo A nos dois lados da igualdade teremos

$$P_A(A) = Q_A(A)m_A(A) + R_A(A)$$

ou

$$0 = 0 + R_A(A).$$

Portanto $R_A(A) = 0$. Isso implica que $R_A(x)$ anula A. Mas isso é impossível, pois $m_A(x)$ é o polinômio com menor grau possível que anula A. Portanto $R_A(x)$ é nulo. Isso completa a demonstração.

Proposição 3.32. Todas as raízes de $P_A(x)$ são também raízes de $m_A(x)$ (independente da multiplicidade das raízes).

Demonstração. Suponha que λ é uma raiz de $P_A(x)$. Então λ é um autovalor de A. Portanto existe uma matriz coluna $v \neq 0$ tal que $Av = \lambda v$. Substituindo essa igualdade no polinômio $m_A(x)$, teremos $m_A(A)v = m_A(\lambda)v$. Mas o lado esquerdo é zero. Portanto

$$m_A(\lambda)v = 0.$$

62 Uma Introdução à Álgebra Linear

Relembrando que $v \neq 0$ (sendo autovetor), então $m_A(\lambda) = 0$. Isso mostra que λ também é uma raiz de $m_A(x)$.

Exemplo 3.33. (1) O polinômio $m(x) = (x-1)(x-2)$ é o polinômio mínimo de $A = \begin{bmatrix} 1 & 0 & 1 \\ 0 & 1 & 0 \\ 0 & 0 & 2 \end{bmatrix}$, enquanto que o polinômio característico de A é $P(A) = (x-1)^2(x-2)$.

(2) O polinômio mínimo da matriz $A = \begin{bmatrix} -1 & 2 \\ 1 & 0 \end{bmatrix}$ é igual ao seu polinômio característico. Para ver esse fato vamos explicitamente calcular o polinômio mínimo de A. Na verdade devemos começar com o polinômio característico de A. Sabemos que

$$\begin{aligned} P_A(x) = det(xI - A) &= det \begin{bmatrix} x+1 & -2 \\ -1 & x \end{bmatrix} \\ &= x^2 + x - 2 \\ &= (x+2)(x-1). \end{aligned}$$

Pela Proposição 3.31 os candidatos para polinômio mínimo são:

$$m_1(x) = x+2, \quad m_2(x) = x-1, \quad m_3(x) = (x+2)(x-1) = P_A(x).$$

Pela Proposição 3.32 os polinômios $m_1(x)$ e $m_2(x)$ não podem ser mínimo. Portanto $m_A(x) = m_3(x) = P_A(x)$.

No capítulo da transformação linear mencionaremos que a diagonalização das matrizes pode ser decidida usando polinômio mínimo.

3.5 Exercícios

(1) Mostre que uma matriz quadrada A é inversível se, e somente se, $det(A) \neq 0$.

Diagonalização das Matrizes 63

(2) Ache as inversas das matrizes:

$$\begin{bmatrix} 1 & 2 & 0 \\ -1 & 0 & 1 \\ 2 & 1 & 1 \end{bmatrix}, \quad \begin{bmatrix} 3 & 2 & 1 \\ -1 & 2 & 0 \\ 0 & 1 & 2 \end{bmatrix}, \quad \begin{bmatrix} 1 & 0 & 2 \\ 0 & 1 & 0 \\ -1 & 1 & 2 \end{bmatrix}.$$

(3) Para quais valores de x a matriz

$$\begin{bmatrix} 1 & 0 & x \\ 0 & 1 & 0 \\ x & 1 & x \end{bmatrix}$$

é inversível? Ache a inversa de A.

(4) Por meio da definição da inversa mostre que a inversa da matriz

$$A = \begin{bmatrix} 1 & 2 \\ 1 & 1 \end{bmatrix} \quad \text{é a matriz} \quad A^{-1} = \begin{bmatrix} -1 & 2 \\ 1 & -1 \end{bmatrix}.$$

(5) Achar os autovalores das seguintes matrizes:

(a) $\begin{bmatrix} 1 & 2 \\ 2 & 1 \end{bmatrix}$ (*Respostas*: $-1, 3$), (b) $\begin{bmatrix} 1 & 3 \\ 3 & 1 \end{bmatrix}$. (*Respostas*: $-2, 4$)

(6) Achar os autovalores da matriz $\begin{bmatrix} a & b \\ b & a \end{bmatrix}$. (*Respostas*: $a-b, a+b$)

(7) Achar os autovalores das matrizes

$$\begin{bmatrix} 1 & 2 & 3 \\ 3 & 2 & 1 \\ -1 & -2 & -3 \end{bmatrix}, \quad \begin{bmatrix} -1 & 0 & -1 \\ 1 & 2 & 1 \\ 0 & 0 & 1 \end{bmatrix}, \quad \begin{bmatrix} 0 & 0 & 1 \\ 0 & 1 & 0 \\ 1 & 0 & 0 \end{bmatrix}.$$

Respostas: $(0, 2\sqrt{2}, -2\sqrt{2}), (-1, 2, 1), (1, -1, 1)$.

(8) Sejam $a, b, c \in F$. Ache os autovalores das matrizes

$$\begin{bmatrix} a & b & c \\ c & b & a \\ a & b & c \end{bmatrix}, \quad \begin{bmatrix} a & b & c \\ a & b & c \\ a & b & c \end{bmatrix}, \quad \begin{bmatrix} a & a & a \\ a & a & a \\ a & a & a \end{bmatrix}.$$

64 Uma Introdução à Álgebra Linear

Respostas: $(0, 0, a + b + c)$, $(0, 0, a + b + c)$, $(0, 0, 3a)$.

(9) Seja $a, b, c \in F$ e $a \neq 0$. Ache os autovetores da matriz

$$\begin{bmatrix} a & b & c \\ a & b & c \\ a & b & c \end{bmatrix}.$$

Respostas: ${}^t[-\frac{c}{a} \ 0 \ 1]$, ${}^t[-\frac{b}{a} \ 1 \ 0]$, ${}^t[1 \ 1 \ 1]$.

(10) Achar os autovalores e autovetores da matriz

$$\begin{bmatrix} 1 & 1 & 0 \\ 0 & 1 & 1 \\ 0 & 0 & 1 \end{bmatrix}.$$

Respostas: $1, 1, 1$ e ${}^t[1 \ 0 \ 0]$.

(11) Achar os autovetores da matriz $\begin{bmatrix} 1 & 1 & 0 \\ 1 & 1 & 1 \\ 0 & 1 & 1 \end{bmatrix}.$

   Respostas:

$$1, 1 + \sqrt{2}, 1 - \sqrt{2}, {}^t[-1 \ 0 \ 1], {}^t[1 \ \sqrt{2} \ 1], {}^t[1 \ -\sqrt{2} \ 1].$$

(12) Achar os autovalores e autovetores da matriz

$$\begin{bmatrix} 1 & 1 & 0 & 0 \\ 0 & 1 & 1 & 0 \\ 0 & 0 & 1 & 1 \\ 0 & 0 & 0 & 1 \end{bmatrix}.$$

Respostas: $1, 1, 1, 1$ e ${}^t[1 \ 0 \ 0 \ 0]$.

(13) Denotaremos a matriz do Exercício 11 por A. Mostre que A é diagonalizável. Ache a matriz S e a forma diagonal de A.

(14) Ache o polinômio mínimo da matriz do Exercício 6.

(15) Seja $A = \begin{bmatrix} 1 & 0 & 1 \\ -1 & 1 & 0 \\ 0 & -1 & 1 \end{bmatrix}.$

Diagonalização das Matrizes 65

(a) Achar os autovalores reais e complexos da matriz A.

(b) Ache o autovetor associado ao autovalor real de A.

(16) Seja $a > 0$ um número real e $A = \begin{bmatrix} a & a^2 \\ 1 & a \end{bmatrix}$.

(a) Mostre que A é diagonalizável.

(b) Ache a matriz S tal que $S^{-1}AS$ seja uma matriz diagonal.

(17) Dê uma fórmula para inversa das matrizes triangulares 3×3.

(18) Por meio de um exemplo mostre que em geral a seguinte igualdade é FALSA
$$(A + B)^{-1} = A^{-1} + B^{-1}.$$

(19) Uma matriz complexa (tal matriz tem entradas de $\mathbb{C}$) pode ser semelhante com uma matriz real?

Sugestão: Considere a matriz complexa $A = \begin{bmatrix} 1 & i \\ -i & 1 \end{bmatrix}$.

(20) Uma matriz complexa pode ser semelhante com a outra matriz complexa sobre $\mathbb{R}$? Em outras palavras, suponhamos que $A, B \in M_n(\mathbb{C})$, é possível achar $S \in M_n(\mathbb{R})$ inversível tal que $S^{-1}AS = B$?

Sugestão: Considere as matrizes
$$A = \begin{bmatrix} i & 0 \\ 0 & -i \end{bmatrix}, B = \begin{bmatrix} -i & 0 \\ 0 & i \end{bmatrix}, S = \begin{bmatrix} 0 & 1 \\ -1 & 0 \end{bmatrix}.$$

(21) É possível uma matriz complexa ser semelhante com uma matriz real sobre $\mathbb{C}$? Em outras palavras, sejam $A \in M_n(\mathbb{C})$ e $B \in M_n(\mathbb{R})$. É possível existir $S \in M_2(\mathbb{C})$ tal que
$$S^{-1}AS = B?$$

Sugestão: Use Exemplo 3.22 e Exemplo 3.24.

(22) Qual é o erro da seguinte demonstração do Teorema Cayley-Hamilton.

Demonstração. Temos que $P_A(x) = det(xI - A)$. Então substituindo A no $P_A(x)$ teremos

66 Uma Introdução à Àlgebra Linear

$$P_A(A) = det(AI - A) = det(A - A) = 0.$$

(23) Seja $a \neq 0$ um número real ou complexo. Mostre que a matriz

$$A = \begin{bmatrix} 1 & a & 0 \\ 0 & 2 & 0 \\ 0 & 0 & 2 \end{bmatrix}$$

é diagonalizável. Ache o polinômio característico e mínimo de A.

(24) Verificar se as seguintes matrizes são diagonalizáveis:

$$\begin{bmatrix} 1 & 1 & 0 & 0 \\ 0 & 2 & 1 & 0 \\ 0 & 0 & 2 & 0 \\ 0 & 0 & 0 & 3 \end{bmatrix}, \quad \begin{bmatrix} 1 & 1 & 0 & 0 \\ 0 & 2 & 1 & 0 \\ 0 & 0 & 2 & 0 \\ 0 & 0 & 0 & 3 \end{bmatrix}, \quad \begin{bmatrix} 1 & 0 & 0 & 0 \\ 0 & 2 & 0 & 0 \\ 0 & 0 & 2 & 1 \\ 0 & 0 & 0 & 1 \end{bmatrix}.$$

(25) Usar a inversão da matriz e achar a solução do sistema

$$\begin{cases} x & + & 2y & + & 3z & = & 8 \\ 3x & + & 2y & + & z & = & 0 \\ -x & - & 2y & + & 3z & = & -2. \end{cases}$$

(26) Mostrar que as duas matrizes:

$$A = \begin{bmatrix} 1 & 1 & 0 \\ 0 & 1 & 1 \\ 0 & 0 & 1 \end{bmatrix} \quad \text{e} \quad B = \begin{bmatrix} 0 & 1 & 1 \\ 1 & 1 & 0 \\ 1 & 0 & 0 \end{bmatrix},$$

não são semelhantes.

(27) Quando uma matriz 2×2: $\begin{bmatrix} a & b \\ c & d \end{bmatrix}$ é diagonalizável?

(28) Achar todas as matrizes que são semelhantes com a matriz diagonal: $\begin{bmatrix} 1 & 0 \\ 0 & 2 \end{bmatrix}$.

(29) Mostre que as matrizes $A = \begin{bmatrix} 1 & 0 \\ 1 & 1 \end{bmatrix}$ e $B = \begin{bmatrix} 1 & 1 \\ 0 & 1 \end{bmatrix}$ são

semelhantes. É verdade que as matrizes triangulares superior são semelhantes com às triangulares inferior?

Sugestão: Calcule explicitamente a matriz similaridade S tal que $S^{-1}BS = A$.

(30) Mostre que se A e B são diagonalizáveis, então a matriz AB e BA também são diagonalizáveis.

(31) Sejam A e B matrizes semelhantes. Seja k um número natural (inteiro positivo). Mostre que então A^k e B^k são semelhantes.

(32) Mostre que a matriz de similaridade para A^k e B^k do exercício acima pode ser escolhida a mesma da similaridade de A e B.

(33) Mostre que matriz similaridade não é única.

(34) Mostre que se A e B são semelhantes, então $A + B$, $A - B$ também são semelhantes e que as matrizes de similaridade para elas pode ser escolhida com a de A e B.

(35) Mostre que se A e B são semelhantes, então, se uma delas é nilpotente, a outra também é.

(36) Mostre que a propriedade de ser idempotente é preservada para matrizes semelhantes.

Capítulo 4

Espaços Vetoriais

O nosso primeiro encontro com a matemática abstrata no curso de introdução a álgebra linear é no capítulo de espaços vetoriais. O assunto pode parecer um pouco complicado, mas uma vez que temos um conhecimento de matrizes e logo que temos um conhecimento de vetores de $\mathbb{R}^n$, o conceito de espaços vetoriais não deve ser muito assustador, pois matrizes e vetores de $\mathbb{R}^n$ são os exemplos básicos dos espaços vetoriais. O conceito de espaços vetoriais generaliza (e simplifica) os estudos sobre matrizes e vetores de F^n. Os vetores de F^n estão sempre presentes em diversas áreas da matemática, tanto na física, química, ciência de computação, estatística, economia, e em todas as partes de conhecimento onde o uso das matrizes é inevitável.

4.1 Espaços Vetoriais

Para definir um espaço vetorial precisaremos dos seguintes dados. Um conjunto não vazio V e o corpo de números F. Os elementos de V são chamados de **vetor** e os elementos de F de **escalar**. Nos exemplos de espaços vetoriais sempre é fundamental explicitamente

70 Uma Introdução à Álgebra Linear

deixar claro qual é o conjunto V e qual é o corpo F. É necessário que o conjunto V seja munido de uma regra para somar (adicionar) quaisquer dois elementos e também uma maneira de multiplicar qualquer número do corpo F por qualquer elemento de V (multiplicação por escalar). Essas propriedades podem ser descritas da seguinte forma:

A adição interna (soma) no V é equivalente a dizer que existe uma função (chamado **soma de vetores**) do conjunto $V \times V$ no V:

$$V \times V \to V$$

A multiplicação por escalar (de esquerda) é equivalente com a existência de uma função (chamado **multiplicação por escalar**) do conjunto $F \times V$ no V:

$$F \times V \to V$$

A definição formal de espaço vetorial é o seguinte:

Definição 4.1. Um **espaço vetorial** (sobre um corpo F) é um conjunto não vazio V munido de uma regra (lei) de adição interna e uma regra (lei) da multiplicação por escalar (de esquerda), tais que para todos vetores $u, v, w \in V$ e todo escalar $\alpha \in F$ as seguintes condições sejam satisfeitas:

(1) $u + v = v + u$. Esta é a propriedade **comutativa** de adição no V.

(2) $(u + v) + w = u + (v + w)$. Esta é a propriedade **associativa** no V.

(3) Existe $0 \in V$ tal que $v + 0 = v$. O elemento 0 é chamado **vetor nulo**.

(4) Existe $v_1 \in V$ tal que $v + v_1 = 0$. O elemento v_1 é chamado **oposto de** v ou **negativo de** v e é denotado por $-v$.

(5) $\alpha(u + v) = \alpha u + \alpha v$. Esta é a propriedade **distributiva aditiva** no V.

(6) $(\alpha + \beta)v = \alpha v + \beta v$. Esta também é a propriedade **distributiva aditiva** no V.

(7) $(\alpha\beta)v = \alpha(\beta v)$. Esta é a propriedade **distributiva multiplicativa** no V.

(8) $1v = v$.

Nós dizemos que um espaço vetorial é **nulo** quando o único elemento dele é o vetor nulo.

Proposição 4.2. (1) Em cada espaço vetorial existe somente um único vetor nulo.

(2) Em cada espaço vetorial existe um único oposto para cada vetor.

Demonstração. Se não existisse o único vetor nulo, então existissem pelo menos dois vetores nulos, digamos 0 e $0'$. A definição de vetor nulo (item (3) da definição precedente) implica que

$$0' + 0 = 0', \quad \text{e } 0 + 0' = 0.$$

Mas pela comutatividade de adição temos que $0' + 0 = 0 + 0'$. Então $0 = 0'$. Isso mostra a unicidade de vetor nulo. Para demonstrar o item (2) usaremos a mesma idéia da demonstração do item (1). Suponhamos que existem pelo menos dois vetores opostos para v. Denotando-os por v_1 e v_2 respectivamente e usando a definição do vetor oposto (item (4) da definição precedente), teremos por exemplo que $v + v_1 = 0$. Somando essa identidade com v_2 de dois lados teremos que $v_2 + v + v_1 = 0 + v_2 = v_2$. Mas $v_2 + v = 0$. Portanto $v_1 = v_2$. Isso completa a demonstração da proposição.

Notação. Algumas vezes usaremos o símbolo (V, F) para denotar um espaço vetorial sobre o corpo F.

72 Uma Introdução à Álgebra Linear

Entre os exemplos de espaços vetoriais podemos mencionar o conjunto das matrizes $m \times n$ com entradas de corpo F e o espaço F^n. Formalmente definiremos o conjunto F^n da seguinte forma:

Definição 4.3. $F^n = \{(x_1, x_2, \cdots, x_n) \mid x_1, x_2, \cdots, x_n \in F\}$.

No conjunto F^n definiremos as seguintes operações de soma e multiplicação por escalar:

$$(x_1, x_2, \cdots, x_n) + (y_1, y_2, \cdots, y_n) = (x_1 + y_1, x_2 + y_2, \cdots, x_n + y_n),$$

onde as somas do lado direito são adição no corpo de números F. E definiremos a multiplicação por escalar da seguinte maneira:

$$\alpha \cdot (x_1, x_2, \cdots, x_n) = (\alpha x_1, \alpha x_2, \cdots, \alpha x_n),$$

onde os produtos do lado direito são multiplicação no corpo de números F.

Geralmente nós não usaremos o símbolo "$\cdot$" para indicar multiplicação por escalar. Então simplesmente escreveremos

$$\alpha(x_1, x_2, \cdots, x_n) = (\alpha x_1, \alpha x_2, \cdots, \alpha x_n)$$

para indicar a multiplicação por escalar. O conjunto F^n com as operações mencionadas é um espaço vetorial sobre F. O vetor nulo desse espaço é o n-upla $(0, 0, \cdots, 0)$ formado pelos n zeros do corpo F.

Denotaremos por $M_{m \times n}(F)$ o conjunto (e ao mesmo tempo o espaço vetorial) das matrizes $m \times n$ com entradas de F.

Existem muitos outros exemplos de espaços vetoriais entre eles podemos mencionar; o espaço vetorial das funções e o espaço vetorial de polinômios (veja o seguinte Exemplo 4.4).

Exemplo 4.4. (1) Seja X um conjunto e V o conjunto das funções

$$V = \{f \mid f : X \to F\}.$$

Transformamos esse conjunto num espaço vetorial usando a seguinte operação de soma e multiplicação por escalar

$$(f+g)(x) = f(x) + g(x)$$

$$(\alpha \cdot f)(x) = \alpha f(x), \quad \text{onde } \alpha \in F.$$

O vetor nulo desse espaço é a função nula $f(x) = 0$. Com esses dados o conjunto V é um espaço vetorial sobre F.

(2) Para definir uma estrutura de espaço vetorial sobre o conjunto dos polinômios suponhamos que V é o conjunto dos polinômios de grau no máximo n com coeficientes no corpo F. Geralmente denotaremos esse conjunto por $F_n[x]$. Denotaremos um elemento geral desse conjunto por $f(x) = a_0 x^n + a_1 x^{n-1} + \cdots + a_{n-1}x + a_n$, onde os números $a_0, a_1, \cdots, a_n$ são elementos de F e são chamados **coeficientes**.

Para transformar esse conjunto num espaço vetorial definiremos as seguintes operações:

Se $g(x) = b_0 x^n + b_1 x^{n-1} + \cdots + b_{n-1}x + b_n$ definiremos a soma de polinômios $f(x)$ e $g(x)$ da seguinte maneira:

$$f(x)+g(x) = (a_0+b_0)x^n+(a_1+b_1)x^{n-1}+\cdots+(a_{n-1}+b_{n-1})x+(a_n+b_n),$$

e definiremos a multiplicação por escalar da seguinte forma

$$\alpha \cdot f(x) = \alpha a_0 x^n + \alpha a_1 x^{n-1} + \cdots + \alpha a_{n-1}x + \alpha a_n.$$

O polinômio nulo $0(x) = 0x^n + 0x^{n-1} + \cdots + 0x + 0$ é o vetor nulo de espaço vetorial dos polinômios de grau no máximo n.

4.1.1 Subespaço vetorial

Para gerar mais exemplos de espaços vetoriais e entendê-los de uma forma melhor é importante aprender o conceito de subespaços vetoriais.

Definição 4.5. Seja (V, F) um espaço vetorial e $W \subset V$ um subconjunto não vazio. Dizemos que W é um **subespaço vetorial de**

74 Uma Introdução à Àlgebra Linear

V ou simplesmente **subespaço** de V, quando para todos vetores $w_1, w_2, w \in W$ e todo escalar $\alpha \in F$ as seguintes condições sejam verdadeiras

(1) $w_1 + w_2 \in W$.

(2) $\alpha w \in W$.

Observe que a definição acima nos mostra que se W é um subespaço de V, então (W, F) com as mesmas operações de V (adição e multiplicação por escalar) é um espaço vetorial. Em particular, o seguinte resultado mostra que o vetor nulo de W é o mesmo vetor nulo de V.

Proposição 4.6. Se W é um subespaço de um espaço vetorial V sobre F, então $0 = 0_V \in W$, e ele é o vetor nulo de W.

Demonstração. Para demonstrar que $0 \in W$, usaremos a condição (1) da definição anterior. Na condição (1) podemos usar $-w_1$ em lugar de w_2. Então temos que $w_1 + (-w_1) = 0 \in W$. Para verificar que 0 é o vetor nulo de W basta verificar que $0 + w = w$ para todo $w \in W$. Mas, isso é claro, pois w também é um elemento de V. Portanto a demonstração está completa.

Exemplo 4.7. (1) $\mathbb{R}$ é um espaço vetorial sobre $\mathbb{R}$. Os únicos subespaços de $\mathbb{R}$ são $\{0\}$ e $\mathbb{R}$.

(2) $\mathbb{C}$ é um espaço vetorial sobre $\mathbb{R}$. Os únicos subespaços desse espaço vetorial são:

$$\{0\}, \ \mathbb{C}, \ e \ \{x(a + ib) \mid x \in \mathbb{R}\} \text{ para cada dois números } a, b \text{ reais.}$$

(3) $\mathbb{R}^2$ é um espaço vetorial sobre $\mathbb{R}$ (veja as discussões após Proposição 4.13). Os únicos subespaços dele são:

$$\{(0, 0)\}, \ \mathbb{R}^2, \{(x, 0) \mid x \in \mathbb{R}\},$$

$$\{(0, y) \mid y \in \mathbb{R}\} \text{ e } \{(x, mx) \mid x \in \mathbb{R}\} \text{ para } m \text{ um número real.}$$

Exemplo 4.8. O conjunto $V = M_{m \times n}(F)$ é um espaço vetorial sobre F. Esse espaço vetorial contém muitos subespaços. Entre eles podemos mencionar os seguintes:

(1) Os subconjuntos cujos i-ésima linha ou j-ésima coluna são zero.

(2) Os subconjuntos cujos (i, j)-ésima entradas são zero.

(3) O subconjunto $M_n(F)$ das matrizes quadradas $n \times n$, com entradas de F.

A seguinte proposição nos mostra uma maneira de gerar mais exemplos de subespaços.

Proposição 4.9. Sejam (V, F) e (W, F) dois subespaços de um espaço vetorial (X, F). Então a interseção $V \cap W$ é um subespaço de X sobre F.

Demonstração. Basta provar que $u_1 + u_2 \in V \cap W$ para todos vetores $u_1, u_2 \in V \cap W$, e $\alpha u \in V \cap W$ para todo vetor $u \in V \cap W$ e todo escalar $\alpha \in F$. Mas $u_1, u_2 \in V \cap W$ implica que $u_1 \in V$, $u_2 \in V$, $u_1 \in W$, $u_2 \in W$. Portanto $u_1 + u_2 \in V$ e $u_1 + u_2 \in W$, pois V, W são subespaços. Então $u_1 + u_2 \in V \cap W$. Por outro lado $u \in V \cap W$ implica que $u \in V$ e $u \in W$. Portanto $\alpha u \in V$, e $\alpha u \in W$, pois V e W são subespaços. Logo $\alpha u \in V \cap W$. Isso completa a demonstração.

4.1.2   Produto e soma de subespaços

Sejam V e W dois espaços vetoriais sobre F. A esses espaços podemos associar um novo espaço vetorial através do produto deles.

Definição 4.10. O **produto** ou **produto cartesiano** de V e W é o conjunto

$$V \times W = \{(v, w) \mid v \in V, w \in W\}.$$

76 Uma Introdução à Àlgebra Linear

Proposição 4.11. Com as seguintes operações de soma e multiplicação por escalar (de esquerda) o conjunto $V \times W$ é um espaço vetorial.

Demonstração. Definiremos a soma por

$$(v_1, w_1) + (v_2, w_2) = (v_1 + v_2, w_1 + w_2)$$

e definiremos multiplicação por escalar como

$$\alpha(v, w) = (\alpha v, \alpha w).$$

O vetor nulo é o vetor $(0_V, 0_W)$, onde 0_V e 0_W são os vetores nulos de V e W respectivamente. O vetor oposto de (v, w) é o vetor $(-v, -w)$. Deixaremos para o leitor verificar os detalhes (veja Exercício 12).

Agora que sabemos $V \times W$ é um espaço vetorial, chamaremos ele de **espaço vetorial produto** ou simplesmente **espaço produto**.

Por exemplo, o espaço $\mathbb{R}^2$ é um espaço produto. Ele é o produto cartesiano de $\mathbb{R}$ com si mesmo 2 vezes.

É imediato o fato de que o produto de espaços vetoriais de V e W pode ser definido por um número maior que dois espaços vetoriais. Em outras palavras, se $V_1, V_2, \cdots, V_n$ são espaços vetoriais sobre F, o espaço vetorial produto

$$V_1 \times V_2 \times \cdots \times V_n$$

é similarmente definido, cujos vetores são n-uplas $(v_1, v_2, \cdots, v_n)$, onde $v_1 \in V_1, v_2 \in V_2, , , , v_n \in V_n$. Por exemplo $\mathbb{R}^n$ é um espaço produto obtido pelo produto cartesiano de $\mathbb{R}$ com si mesmo n vezes.

A seguir definiremos a soma de dois subespaços.

Definição 4.12. Sejam (V, F) e (W, F) dois subespaçs não nulos de um espaço vetorial (X, F). Definiremos a **soma** $V + W$ da seguinte forma:

$$V + W = \{v + w \mid v \in V, w \in W\}.$$

Em outras palavras $V + W$ consiste de soma (pela soma no X) de todos os vetores de V e W.

Proposição 4.13. $V + W$ é um subespaço vetorial de (X, F).

Demonstração. Suponhamos que $u_1, u_2 \in V + W$. Então $u_1 = v_1 + w_1$ para alguns vetores $v_1 \in V$ e $w_1 \in W$, e $u_2 = v_2 + w_2$ para alguns vetores $v_2 \in V$ e $w_2 \in W$. Agora,

$$u_1 + u_2 = (v_1 + w_1) + (v_2 + w_2) = (v_1 + v_2) + (w_1 + w_2).$$

É claro pela definição anterior que $u_1 + u_2 \in V + W$, pois $v_1 + v_2 \in V$ e $w_1 + w_2 \in W$. Para completar a demonstração devemos verificar que $\alpha u \in V + W$ para todo $\alpha \in F$ e $u \in V + W$. Mas, quando $u \in V + W$, temos que $u = v + w$ para algum vetor $v \in V$ e $w \in W$. Logo,

$$\alpha u = \alpha(v + w) = \alpha v + \alpha w \in V + W.$$

Então a demonstração está completa.

Definição 4.14. Dizemos que a soma $V + W$ é **soma direta** quando $V \cap W = \{0\}$. Quando a soma $V + W$ é direta usaremos a notação $V \oplus W$.

Exemplo 4.15. Sejam

$$V = \{(x, y, z) \in \mathbb{R}^3 \mid 2x + 3y + z = 0\},$$

e

$$W = \{(x, y, z) \in \mathbb{R}^3 \mid 4x + 3y - z = 0\}.$$

78 Uma Introdução à Àlgebra Linear

É fácil verificar que V e W são subespaços de $\mathbb{R}^3$, como veremos no Capítulo 5 eles representam planos que passam pela origem no $\mathbb{R}^3$. Vamos nesse exemplo achar a soma $V + W$. Para fazer isso é instrutível escrever

$$V = \{(x, y, -2x - 3y) \mid x, y \in \mathbb{R}\} \text{ e } W = \{(x, y, 4x + 3y) \mid x, y \in \mathbb{R}\}.$$

Portanto, pela definição de soma de subespaços temos que

$$\begin{aligned} V + W &= \{(2x, 2y, 2x) \mid x, y \in \mathbb{R}\} \\ &= \{(x, y, x) \mid x, y \in \mathbb{R}\}. \end{aligned}$$

Para identificar essa soma, colocamos $x = z$. Portanto a soma está identificada com o subespaço $\{(x, y, z) \mid x - z = 0\}$ (o leitor pode usar o Capítulo 5 para ver que esta equação $x - z = 0$ representa um plano no $\mathbb{R}^3$, o plano perpendicular ao plano de coordenados xoz passando pelo eixo oy e a reta $x = z$ no plano xoz). Para saber se a soma é direta devemos verificar se $V \cap W = \{0\}$. O cálculo de interseção $V \cap W$ é exatamente igual a resolver o seguinte sistema de equações:

$$\begin{cases} 2x + 3y + z = 0 \\ 4x + 3y - z = 0. \end{cases}$$

Para resolver esse sistema somamos as equações e chegaremos a equação $6x + 6y = 0$. Isso implica que $x = -y$. Usando essa igualdade na primeira equação, teremos $2x - 3x + z = 0$. Isso nos dá que $z = x$. Logo, temos que a solução da equação é $x = x, y = -x, z = x$. Então

$$V \cap W = \{(x, -x, x) \mid x \in \mathbb{R}\}.$$

que é não nulo e geometricamente representa a reta que contém o vetor $(1, -1, 1)$ de $\mathbb{R}^3$.

Exemplo 4.16. Seja $V = M_n(F)$ o espaço vetorial das matrizes quadradas sobre F. Seja $W_1 = S_n(F)$ o subconjunto de V formado pela matriz nula e as matrizes simétricas e $W_2 = S'_n(F)$ o subconjunto de V formada pela matriz nula e as matrizes anti-simétricas. Pelo Exercício 5 no fim do capítulo sabemos que esses conjuntos são subespaços de $M_n(F)$. Vamos provar que

$$V = W_1 \oplus W_2.$$

Para fazer isso teremos que fazer duas coisas. Primeiro, devemos mostrar que $W_1 \cap W_2 = \{0\}$. Segundo, devemos provar que

$$V = W_1 + W_2.$$

Agora, seja $A \in W_1 \cap W_2$. Então $A = {}^tA$ e $A = -{}^tA$. Daí, $A = -A$. Portanto $A = 0$. Então $W_1 \cap W_2 = \{0\}$. Para provar que $V = W_1 + W_2$ suponhamos que $A \in V$. Vamos mostrar que $A = X_1 + X_2$ para algumas matrizes $X_1 \in W_1$ e $X_2 \in W_2$. Para provar isso definiremos

$$X_1 = \frac{1}{2}(A + {}^tA), \quad X_2 = \frac{1}{2}(A - {}^tA).$$

Em primeiro lugar é claro que $X_1 = {}^tX_1$ e que $X_2 = -{}^tX_2$. Então $X_1 \in W_1$ e $X_2 \in W_2$. Em segundo lugar temos que

$$X_1 + X_2 = \frac{1}{2}A + \frac{1}{2}{}^tA + \frac{1}{2}A - \frac{1}{2}{}^tA = A.$$

Isso completa a nossa tarefa.

4.2   Base e Dimensão

A um espaço vetorial não nulo V está sendo associado um único número natural (inteiro positivo) ou infinito, chamado dimensão.

80 Uma Introdução à Àlgebra Linear

Esse número é a quantia de vetores que estão numa base de V. É importante notar que um espaço vetorial pode possuir várias bases (e muitas vezes, infinitas), mas é interessante que todas têm o mesmo número de vetores quando a dimensão é finita. Por isso a dimensão é um número bem definido que não depende da base escolhida.

Uma base de V é um conjunto de vetores linearmente independentes de V que gera o espaço vetorial V. Para conseguirmos definir a importante noção da base e dimensão precisamos das seguintes definições.

4.2.1 Combinação linear e gerador

Seja (V, F) um espaço vetorial não nulo.

Definição 4.17. Sejam $v_1, v_2, \cdots, v_n$ um conjunto finito de vetores não nulos. Uma **combinação linear** desses vetores é a soma

$$\alpha_1 v_1 + \alpha_2 v_2 + \cdots + \alpha_n v_n,$$

onde $\alpha_1, \alpha_2, \cdots, \alpha_n \in F$ são escalares e são chamados **coeficientes** ou **coordenadas** de combinação linear. Denotaremos por $C(v_1, v_2, \cdots, v_n)$ o conjunto de todas as combinações lineares de vetores $v_1, v_2, \cdots, v_n$. Portanto temos que

$$C(v_1, v_2, \cdots, v_n) = \{x_1 v_1 + x_2 v_2 + \cdots + x_n v_n \mid x_1, x_2, \cdots, x_n \in F\},$$

onde $x_1, x_2, \cdots, x_n \in F$ são números que variam sobre todo F.

Definição 4.18. Seja (V, F) um espaço vetorial não nulo. Sejam $v_1, v_2, \cdots, v_n$ vetores de V. Pela definição o **gerador** desses vetores é o conjunto $C(v_1, v_2, \cdots, v_n)$ de todas as combinações lineares de $v_1, v_2, \cdots, v_n$.

Exemplo 4.19. No espaço vetorial $V = M_2(F)$ o gerador dos vetores (matrizes)

$$v_1 = \begin{bmatrix} 1 & 0 \\ 0 & 0 \end{bmatrix}, \ v_2 = \begin{bmatrix} 0 & 1 \\ 0 & 0 \end{bmatrix}, \ v_3 = \begin{bmatrix} 0 & 0 \\ 0 & 1 \end{bmatrix}$$

é o conjunto $C(v_1, v_2, v_3)$ que é igual ao espaço vetorial das matrizes triangulares superiores com entradas de F. Para ver isso observe que pela definição

$$C(v_1, v_2, v_3) \ = \ \{x_1v_1 + x_2v_2 + x_3v_3 \mid x_1, x_2, x_3 \in F\}$$

$$= \ \left\{ \begin{bmatrix} x_1 & x_2 \\ 0 & x_3 \end{bmatrix} \Big| x_1, x_2, x_3 \in F \right\}.$$

Teorema 4.20. Seja (V, F) um espaço vetorial e $\{v_1, v_2, \cdots, v_n\}$ um conjunto finito de vetores. Então o gerador $C(v_1, v_2, \cdots, v_n)$ é um subespaço de V.

Demonstração. Sejam $u, v \in C(v_1, v_2, \cdots, v_n)$. Então $u = \sum_{i=1}^{n} \alpha_i v_i$ e $v = \sum_{i=1}^{n} \beta_i v_i$. Agora,

$$u + v = \sum_{i=1}^{n} (\alpha_i + \beta_i)v_i.$$

Portanto $u + v$ é uma combinação linear de vetores $v_1, v_2, \cdots, v_n$. Isso mostra que $u + v \in C(v_1, v_2, \cdots, v_n)$. Para completar a demonstração suponhamos que $a \in F$ é um escalar. Então

$$au = a \sum_{i=1}^{n} \alpha_i v_i = \sum_{i=1}^{n} a\alpha_i v_i.$$

Isso mostra que au também é uma combinação linear de vetores $v_1, v_2, \cdots, v_n$. Portanto $au \in C(v_1, v_2, \cdots, v_n)$. A demonstração está completa.

Definição 4.21. Dizemos que um subespaço vetorial W é **gerado**

82 Uma Introdução à Álgebra Linear

por vetores $\{w_1, w_2, \cdots, w_n\}$ sobre F, se $C(w_1, w_2, \cdots, w_n) = W$. Neste caso também dizemos que $\{w_1, w_2, \cdots, w_n\}$ é **gerador** de W, ou $\{w_1, w_2, \cdots, w_n\}$ **gera** W.

4.2.2 Independência linear

Começaremos com a seguinte definição.

Definição 4.22. Seja (V, F) um espaço vetorial e $v_1, v_2, \cdots, v_n$ um conjunto finito de vetores não nulos. Dizemos que esses vetores são **linearmente independentes** se as únicas soluções para a equação

$$x_1 v_1 + x_2 v_2 + \cdots + x_n v_n = 0_V$$

sejam $x_1 = x_2 = \cdots = x_n = 0$. Os conjuntos que contêm somente um vetor não nulo são considerados linearmente independentes.

A definição acima é mesma a dizer que não existe uma combinação linear entre vetores $v_1, v_2, \cdots, v_n$ com alguns coeficientes não nulos.

Quando os vetores $v_1, v_2, \cdots, v_n$ não são linearmente independentes dizemos que eles são **linearmente dependentes**.

Exemplo 4.23. (1) Os vetores $v_1 = (1, 1)$ e $v_2 = (-1, 0)$ do espaço vetorial $V = \mathbb{R}^2$ sobre $\mathbb{R}$ são linearmente independentes. Na verdade considere a combinação linear $x_1 v_1 + x_2 v_2 = 0_V = (0, 0)$. Essa igualdade pode ser escrita como

$$x_1(1, 1) + x_2(-1, 0) = (0, 0)$$

ou equivalentemente

$$(x_1 - x_2, x_1) = (0, 0)$$

Espaços Vetoriais 83

que implica no sistema de equações

$$\begin{cases} x_1 - x_2 &= 0 \\ x_1 &= 0. \end{cases}$$

As únicas soluções desse sistema são $x_1 = x_2 = 0$. Isso mostra que os vetores v_1, v_2 são linearmente independentes.

(2) Os vetores (matrizes) $v_1 = \begin{bmatrix} -1 & 0 \\ 0 & 1 \end{bmatrix}$, e $v_2 = \begin{bmatrix} -2 & 1 \\ 0 & 0 \end{bmatrix}$, e $\begin{bmatrix} -4 & 0 \\ 0 & 4 \end{bmatrix}$ do espaço vetorial $V = M_2(\mathbb{R})$ não são linearmente independentes. Eles são linearmente dependentes. Par verificar esse fato consideramos a combinação linear $x_1 v_1 + x_2 v_2 + x_3 v_3 = 0_V = \begin{bmatrix} 0 & 0 \\ 0 & 0 \end{bmatrix}$. Essa equação nos leva ao seguinte sistema de equações

$$\begin{cases} -x_1 &- 2x_2 &- 4x_3 &= 0 \\ & x_2 & &= 0 \\ x_1 & &+ 4x_3 &= 0 \end{cases}$$

Substituindo $x_2 = 0$ na primeira e terceira equação teremos o novo sistema

$$\begin{cases} -x_1 - 4x_3 &= 0 \\ x_1 + 4x_3 &= 0 \end{cases}$$

Como podemos ver, a segunda equação é (-1) vezes da primeira. Portanto elas são dependentes (na verdade são as mesmas). Portanto o sistema tem infinitas soluções. Isso mostra que os vetores v_1, v_2, v_3 são linearmente dependentes.

Uma maneira para decidir se um conjunto de vetores $v_1, v_2, \cdots, v_n$ do espaço vetorial $V = F^n$ são linearmente independentes é usar o determinante da matriz $[v_1 \ v_2 \ \cdots \ v_n]$. A seguir vamos ver que esses vetores são linearmente independentes se, e somente se,

$$det[v_1 \ v_2 \ \cdots \ v_n] \neq 0.$$

84 Uma Introdução à Àlgebra Linear

Suponha que $v_i = (a_{i1}, a_{i2}, \cdots, a_{in})$. Considere a combinação linear

$$x_1 v_1 + x_2 v_2 + \cdots + x_n v_n = 0_V = (0, 0, \cdots, 0).$$

Essa equação implica o seguinte sistema

$$\begin{cases} a_{11}x_1 & + & \cdots & + & a_{1n}x_n & = 0 \\ a_{21}x_1 & + & \cdots & + & a_{2n}x_n & = 0 \\ \cdot & + & \cdots & + & \cdot & = 0 \\ \cdot & + & \cdots & + & \cdot & = 0 \\ a_{n1}x_1 & + & \cdots & + & a_{nn}x_n & = 0 \end{cases}$$

Esse sistema pode ser reescrito na forma matricial como

$$AX = O,$$

onde A é a matriz de coeficientes, X a coluna de incóginata e O a coluna dos constantes. Para que esse sistema somente tenha soluções zero é necessária que $detA = (a_{ij})$ seja não nulo (por quê?).

4.2.3 Bases

Suponha que (V, F) é um subespaço vetorial não nulo.

Definição 4.24. Uma **base** para V é um conjunto $B \subset V$ de vetores não nulos tais que

(1) Os vetores de B são linearmente independentes;

(2) Os vetores de B geram o subespaço V.

Exemplo 4.25. No espaço vetorial $V = \mathbb{R}^2$ sobre $\mathbb{R}$ os conjuntos

$$B_1 = \{(1, 0), (0, 1)\}, \quad \text{e} \quad B_2 = \{(-1, 1), (2, 1)\}$$

são bases de $\mathbb{R}^2$. Para ver isso vamos provar que as condições (1), (2) da definição acima estão satisfeitas. Então considere a combinação linear

$$x_1(1, 0) + x_2(0, 1) = 0_V = (0, 0).$$

Isso nos mostra que $(x_1, x_2) = (0, 0)$. Portanto as únicas possibilidades para coeficientes x_1, x_2 são $x_1 = x_2 = 0$. Isso mostra que os vetores de B_1 são linearmente independentes. No caso de B_2 considere a combinação linear

$$x_1(-1, 1) + x_2(2, 1) = 0_V = (0, 0)$$

que implica $(-x_1 + 2x_2, x_1 + x_2) = (0, 0)$. E isso nos leva ao seguinte sistema

$$\begin{cases} -x_1 & + & 2x_2 & = 0 \\ x_1 & + & x_2 & = 0 \end{cases}$$

cujas únicas soluções são $x_1 = x_2 = 0$. Portanto os vetores de B_2 também são linearmente independentes. Agora falta provar que os vetores de B_1 e B_2 geram o espaço V. Começaremos com os vetores de B_1. Devemos mostrar que $C((1, 0), (0, 1)) = \mathbb{R}^2$. É claro que $C((1, 0), (0, 1)) \subset \mathbb{R}^2$. Então devemos provar que $\mathbb{R}^2 \subset C((1, 0), (0, 1))$. Suponha que $(a, b) \in \mathbb{R}^2$. Vamos provar que $(a, b) \in C((1, 0), (0, 1))$. Para isso é suficiente mostrar que existem x_1, x_2 escalares (neste caso números reais) tal que $(a, b) = x_1(1, 0) + x_2(0, 1)$, pois isso implica que (a, b) é uma combinação linear de $(1, 0)$ e $(0, 1)$. Mas a igualdade precedente nos mostra que $(a, b) = (x_1, x_2)$. Então $x_1 = a$, $x_2 = b$ sempre existem. Isso mostra que $(1, 0), (0, 1)$ geram o espaço vetorial V. Similarmente podemos mostrar que os vetores de B_2 também geram o espaço V. Portanto B_1 e B_2 são bases de V.

Então como o exemplo nos mostra um espaço vetorial pode ter mais de uma base. No caso de $\mathbb{R}^2$, $\mathbb{R}^n$, e $M_{m \times n}(F)$ há infinitas bases.

Geralmente alguns autores usam o nome **base canônica** ou **base padrão** para as seguintes bases: (1) para F^n sobre F

$$\{(1, 0, \cdots, 0), (0, 1, \cdots, 0), \cdots, (0, 0, \cdots, 1)\}$$

86 Uma Introdução à Àlgebra Linear

e (2) para $M_{m \times n}(F)$ sobre F é o conjunto $\{e_{ij} \in M_{m \times n}(F)\}$, onde as entradas de e_{ij} são nulas exceto na (i, j)-ésima entrada que é 1.

Por exemplo,

$$\begin{bmatrix} 1 & 0 \\ 0 & 0 \\ 0 & 0 \end{bmatrix}, \begin{bmatrix} 0 & 1 \\ 0 & 0 \\ 0 & 0 \end{bmatrix}, \begin{bmatrix} 0 & 0 \\ 0 & 1 \\ 0 & 0 \end{bmatrix}, \begin{bmatrix} 0 & 0 \\ 0 & 0 \\ 0 & 1 \end{bmatrix}, \begin{bmatrix} 0 & 0 \\ 0 & 0 \\ 1 & 0 \end{bmatrix}, \begin{bmatrix} 0 & 0 \\ 1 & 0 \\ 0 & 0 \end{bmatrix}$$

formam a base canônica para $M_{3 \times 2}(F)$ sobre F.

Proposição 4.26. Seja (V, F) um espaço vetorial e $v_1, v_2, \cdots, v_n$ um conjunto finito de vetores linearmente independentes de V. Se $v \in C(v_1, v_2, \cdots, v_n)$ então os coeficientes de combinação linear de v são unicamente determinados por $v_1, v_2, \cdots, v_n$.

Demonstração. Suponha, por absurdo, que podemos escrever em duas maneiras o vetor v como combinação linear de vetores $v_1, v_2, \cdots, v_n$, isto é que

$$v = \alpha_1 v_1 + \cdots + \alpha_n v_n, \quad v = \beta_1 v_1 + \cdots + \beta_n v_n.$$

Comparando essas igualdades teremos

$$\alpha_1 v_1 + \cdots + \alpha_n v_n = \beta_1 v_1 + \cdots + \beta_n v_n.$$

Logo,

$$(\alpha_1 - \beta_1)v_1 + \cdots + (\alpha_n - \beta_n)v_n = 0_V.$$

Isso implica que $\alpha_i = \beta_i$ para todo $i = 1, \cdots, n$, pois $v_1, v_2, \cdots, v_n$ são linearmente independentes. Isso completa a demonstração.

4.3 Dimensão

A cada subespaço vetorial não nulo está associado um único número inteiro positivo ou infinito, chamado dimenão. A definição e

Espaços Vetoriais 87

o conceito da dimensão está baseada no conceito da dependência e independência lineares de vetores. Mais precisamente, definiremos a dimensão de um subespaço da seguinte forma.

Definição 4.27. Seja (W, F) um subespaço vetorial não nulo. Se existe um subconjunto de W com n vetores linearmente independentes, e não existe nenhum conjunto de $n + 1$ vetores linearmente independentes dizemos que a **dimensão** de W é n. Neste caso escrevemos $dimW = n$.

É claro que essa definição também é a definição de dimensão de um espaço vetorial, pois qualquer espaço vetorial é um dos seus subespaços.

Observação. A definição da dimensão pode ser estendida aos subespaços nulos. Neste caso concordaremos que a dimensão é zero. Então $dim\{0\} = 0$.

A seguir queremos provar alguns resultados que na prática servem para determinar a dimensão de um subespaço sem usar a definição precedente.

Teorema 4.28. Seja (W, F) um subespaço vetorial de dimensão n. Se $B_k = \{w_1, w_2, \cdots, w_k\} \subset W$ é um conjunto de vetores linearmente independentes, então $k \leq n$ e podemos escolher $n-k$ vetores

$$w_{k+1}, w_{k+2}, \cdots, w_n \in W$$

tal que o conjunto de vetores

$$B = \{w_1, w_2, \cdots, w_k, w_{k+1}, \cdots, w_n\}$$

forma uma base para W.

Demonstração. O fato de que $k \leq n$ é uma consequência imediata da definição de dimensão. Se $k = n$ já o conjunto B_k é uma base para W. E nesse caso não há nada a demonstrar. Portanto, vamos supor que $k < n$. Então pela definição da dimensão existem

88 Uma Introdução à Àlgebra Linear

vetores em W que não podem ser escritos como uma combinação linear de vetores de B_k. Seja w_{k+1} um desses vetores. Agora considere o conjunto

$$B_{k+1} = \{w_1, w_2, \cdots, w_k, w_{k+1}\}.$$

Se B_{k+1} não é uma base para W, então existem vetores que não podem ser escritos como combinação linear de elementos de B_{k+1}. Seja w_{k+2} um deles. Agora, considere o conjunto

$$B_{k+2} = \{w_1, w_2, \cdots, w_k, w_{k+1}, w_{k+2}\}.$$

De novo ou B_{k+1} é uma base ou não. Se não é uma base, podemos continuar o mesmo processo acima até chegar a uma base de W. Esse processo é finito, pois a dimensão de W é finita. A demonstração está completa.

Corolário 4.29. Se B' é uma base para (W, F) e $B \subsetneq B'$ é um subconjunto próprio, então B não é uma base para W.

Demonstração. B não pode gerar W. Isso completa a demonstração.

Teorema 4.30. Quaisquer base de um espaço vetorial (V, F) da dimensão n tem n vetores.

Demonstração. Se B é uma base que tem $m < n$ vetores, então pelo teorema precedente podemos adicionar $n - m$ vetores a B para formar uma base B'. Mas B é então um subconjunto próprio de B'. Pelo corolário precedente B não pode ser uma base. Isso é uma contradição a nossa suposição de $m < n$. Portanto $m = n$. Isso completa a demonstração.

Exemplo 4.31. (1) A dimensão de (F^n, F) é n. Então $dim(\mathbb{R}, \mathbb{R}) = 1$ e $dim(\mathbb{C}, \mathbb{C}) = 1$.

(2) A dimensão de $(\mathbb{C}, \mathbb{R})$ é 2, pois os vetores (números complexos) i e 1 geram $\mathbb{C}$ e são linearmente independentes sobre $\mathbb{R}$.

(3) $dim M_{m \times n}(F) = mn$.

Espaços Vetoriais 89

(4) $dim M_n(F) = n^2$.

(5) $dim F_n[x] = n + 1$. Relembre que $F_n[x]$ é o espaço vetorial dos polinômios com coeficientes de F de grau no máximo n. Uma base para esse espaço é

$$\{1, x, x^2, \cdots, x^n\}.$$

Observação. Neste livro não serão estudados os espaços vetoriais de dimensão infinita.

4.3.1 Dimensão de soma dos subespaços

Nesta parte demonstraremos dois resultados a respeito de soma e soma direita de subespaços vetoriais.

Teorema 4.32. Sejam (U, F) e (W, F) dois subespaços de dimensões finitas. Então vale a seguinte igualdade

$$dim(U + W) = dim U + dim W - dim(U \cap W).$$

Demonstração. Seja $dim U = n$, $dim W = m$, e $dim(U \cap W) = k$. Vamos provar que $dim(U + W) = n + m - k$. Para fazer isso usaremos Teorema 4.30. Portanto é suficiente achar uma base de $U + W$ com $n + m - k$ vetores. Seja $B' = \{v_1, \cdots, v_k\}$ uma base para $U \cap W$. Usando o Teorema 4.28 podemos estender o conjunto B' a uma base de U e W respectivamente (isso é possível pois $U \cap W \subseteq U$ e $U \cap W \subseteq W$ são subespaços). Então suponhamos que

$$B_U = \{v_1, v_2, \cdots, v_k, u_{k+1}, \cdots, u_n\}$$

e

$$B_W = \{v_1, v_2, \cdots, v_k, w_{k+1}, \cdots, w_m\}$$

90 Uma Introdução à Álgebra Linear

são as bases estendidas de U e W respectivamente. Agora considere o conjunto

$$B = \{v_1, \cdots, v_k, v_{k+1}, \cdots, u_n, w_{k+1}, \cdots, w_m\}.$$

O nosso objetivo é provar que B é uma base para $U + W$. Em primeiro lugar, é fácil mostrar que B gera $U + W$, pois $B_U \subset B$ e $B_W \subset B$. Em segundo lugar, vamos provar que os vetores de B são linearmente independentes. Então para fazer isso considere a combinação linear

$$x_1 v_1 + \cdots + x_k v_k + x_{k+1} u_{k+1} + \cdots + x_n u_n + x_{k+1} w_{k+1} + \cdots + x_m w_m = 0$$

que pode ser escrito na seguinte forma

$$x_1 v_1 + \cdots + x_k v_k + x_{k+1} u_{k+1} + \cdots + x_n u_n = -x_{k+1} w_{k+1} - \cdots - x_m w_m.$$
$$(4.1)$$

O lado esquerdo dessa igualdade é um elemento de U e o lado direito um elemento de W. Então ambos os lados são elementos de $U \cap W$. Portanto, o lado esquerdo pode ser escrita como uma combinação linear de elementos de B'. Isto quer dizer que existem coeficientes $y_1, \cdots, y_n$ tal que

$$y_1 v_1 + \cdots + y_n v_n = -x_{k+1} w_{k+1} - \cdots - x_m w_m.$$

Ou equivalentemente

$$y_1 v_1 + \cdots + y_n v_n + x_{k+1} w_{k+1} + \cdots + x_m w_m = 0.$$

Mas os vetores $v_1, \cdots, v_n, w_{k+1}, \cdots, w_m$ são linearmente independentes, pois são elementos da base B_W. Logo

$$y_1 = y_2 = \cdots = y_n = x_{k+1} = \cdots = x_m = 0.$$

Substituindo essas na identidade (4.1) e usando o fato de que os vetores $v_1, \cdots, v_k, u_{k+1}, \cdots u_n$ são linearmente independentes teremos que

$$x_1 = x_2 = \cdots = x_n = 0.$$

Portanto o objetivo desejado foi provado. Isso completa a demonstração.

Corolário 4.33. Se $V = U \oplus W$ é soma direita dos subespaços então

$$dimV = dimU + dimW.$$

Demonstração. Claro pelo teorema anterior e o fato de que $U \cap W = \{0\}$, pois nesse caso $dim(U \cap W) = 0$.

4.4 Mudança da Base

Suponhamos que (V, F) é um espaço vetorial de dimensão n. Seja $B = \{v_1, \cdots, v_n\}$ uma base para V. Esse implica que quaisquer vetor $v \in V$ pode ser escrito como combinação linear $v = \sum_{i=1}^{n} a_i v_i$. A Proposição 4.26 garante que os coeficientes a_i são unicamente determinados pelo vetor v. Nós usaremos a seguinte notação matricial para a igualdade precedente

$$v = [v_1 \quad \cdots \quad v_n] \begin{bmatrix} a_1 \\ \cdot \\ \cdot \\ \cdot \\ a_n \end{bmatrix}.$$

92 Uma Introdução à Àlgebra Linear

Portanto em notação matricial a um vetor v podemos associar uma única matriz coluna $n \times 1$:

$$[v]_B = \begin{bmatrix} a_1 \\ \cdot \\ \cdot \\ \cdot \\ a_n \end{bmatrix}$$

a ser chamada a **matriz de coordenadas** ou **matriz dos coeficientes**. Agora suponhamos que $w \in V$ têm a seguinte matriz de coordenadas

$$[w]_B = \begin{bmatrix} b_1 \\ \cdot \\ \cdot \\ \cdot \\ b_n \end{bmatrix}$$

e que $\alpha \in F$ é um escalar. É fácil verificar que as seguintes propriedades a respeito das matrizes de coordenadas são verdadeiras:

$$[v + w]_B = \begin{bmatrix} a_1 + b_1 \\ \cdot \\ \cdot \\ \cdot \\ a_n + b_n \end{bmatrix}, \quad [\alpha v]_B = \begin{bmatrix} \alpha a_1 \\ \cdot \\ \cdot \\ \cdot \\ \alpha a_n \end{bmatrix}$$

Para consegíremos explicar e responder o problema da mudança da base vamos supor que $B' = \{v_1', v_2', \cdots, v_n'\}$ é uma nova base (isso não quer dizer que B' é necessariamente diferente de B). Agora seja $[v]_{B'}$ a matriz de coordenadas de v na base B'. O problema da mudança da base é o seguinte:

Problema. Qual é a relação entre as matrizes das coordenadas $[v]_B$ e $[v]_{B'}$?

A solução desse problema é a seguinte:

Espaços Vetoriais 93

Primeiro, escreva os vetores de B' na base B com os coeficientes p_{ij} da seguinte maneira: $v'_j = \sum_{i=1}^{n} p_{ij} v_i$, para todo $1 \le j \le n$. A mesma coisa pode ser escrita na forma matricial

$$[v'_1 \ v'_2 \ \cdots \ v'_n] = [v_1 \ v_2 \ \cdots \ v_n] \begin{bmatrix} p_{11} & \cdots & p_{1n} \\ p_{21} & \cdots & p_{2n} \\ \cdot & \cdots & \cdot \\ \cdot & \cdots & \cdot \\ p_{n1} & \cdots & p_{nn} \end{bmatrix}. \tag{4.2}$$

Definição 4.34. Denotaremos a matriz do lado direito da igualdade precedente por $P = (p_{ij})$. Essa é uma matriz $n \times n$ e é a **matriz de mudança da base B para B'**.

Segundo, podemos usar essa matriz para calcular os coeficientes de $[v]_B$ em termo de coeficientes $[v]_{B'}$. Para fazer isso seja

$$[v]_{B'} = {}^t[a'_1 \ \cdots \ a'_n].$$

Logo

$$v = [v_1 \cdots v_n] \begin{bmatrix} a_1 \\ \cdot \\ \cdot \\ \cdot \\ a_n \end{bmatrix} = [v'_1 \cdots v'_n] \begin{bmatrix} a'_1 \\ \cdot \\ \cdot \\ \cdot \\ a'_n \end{bmatrix}$$

$$= [v_1 \cdots v_n] \begin{bmatrix} p_{11} & \cdots & p_{1n} \\ p_{21} & \cdots & p_{2n} \\ \cdot & \cdots & \cdot \\ \cdot & \cdots & \cdot \\ p_{n1} & \cdots & p_{nn} \end{bmatrix} \begin{bmatrix} a'_1 \\ \cdot \\ \cdot \\ \cdot \\ a'_n \end{bmatrix}.$$

94 Uma Introdução à Àlgebra Linear

Portanto essa igualdade nos mostra que

$$
\begin{bmatrix} a_1 \\ \cdot \\ \cdot \\ \cdot \\ \cdot \\ a_n \end{bmatrix} = \begin{bmatrix} p_{11} & \cdots & p_{1n} \\ p_{21} & \cdots & p_{2n} \\ \cdot & \cdots & \cdot \\ \cdot & \cdots & \cdot \\ p_{n1} & \cdots & p_{nn} \end{bmatrix} \begin{bmatrix} a'_1 \\ \cdot \\ \cdot \\ \cdot \\ \cdot \\ a'_n \end{bmatrix}. \tag{4.3}
$$

Vamos ver na prática como calcularemos a matriz da mudança da base.

Exemplo 4.35. Seja $V = \mathbb{R}^3$, $F = \mathbb{R}$. Considere as bases

$$B = \{(1,0,1),(0,1,1),(1,1,0)\} \text{ e } B' = \{(-1,1,1),(2,0,1),(0,0,1)\}.$$

Vamos achar a matriz da mudança da base de B para B'. Tudo que precisaremos fazer é determinar os coeficientes dos vetores de B' na base B. Então teremos que resolver as seguintes equações (1), (2), (3)

$$
\begin{array}{rcll}
(-1,1,1) & = & p_{11}(1,0,1) + p_{21}(0,1,1) + p_{31}(1,1,0) & (1) \\
(2,0,1) & = & p_{12}(1,0,1) + p_{22}(0,1,1) + p_{32}(1,1,0) & (2) \\
(0,0,1) & = & p_{13}(1,0,1) + p_{23}(0,1,1) + p_{33}(1,1,0) & (3)
\end{array}
$$

A primeira equação nos leva ao seguinte sistema

$$
\begin{cases}
p_{11} + p_{31} & = & -1 \\
p_{21} + p_{31} & = & 1 \\
p_{11} + p_{21} & = & 1
\end{cases}
$$

cuja soluções são $p_{11} = -\frac{1}{2}, p_{21} = \frac{3}{2}, p_{31} = -\frac{1}{2}$. A equação (2) implica no seguinte sistema

$$
\begin{cases}
p_{12} + p_{32} & = & 2 \\
p_{22} + p_{32} & = & 0 \\
p_{12} + p_{22} & = & 1
\end{cases}
$$

Espaços Vetoriais 95

As soluções desse sistema são $p_{12} = \frac{3}{2}, p_{22} = -\frac{1}{2}, p_{32} = \frac{1}{2}$. A terceira equação (equação (3)) implica no seguinte sistema de equações

$$\begin{cases} p_{13} + p_{33} & = & 0 \\ p_{23} + p_{33} & = & 0 \\ p_{13} + p_{23} & = & 1 \end{cases}$$

cujas soluções são $p_{13} = \frac{1}{2}, p_{23} = \frac{1}{2}, p_{33} = -\frac{1}{2}$. Portanto temos todas as entradas da matriz da mudança da base e então ela é

$$P = \begin{bmatrix} -\frac{1}{2} & \frac{3}{2} & \frac{1}{2} \\ \frac{3}{2} & -\frac{1}{2} & \frac{1}{2} \\ -\frac{1}{2} & \frac{1}{2} & -\frac{1}{2} \end{bmatrix} = \frac{1}{2} \begin{bmatrix} -1 & 3 & 1 \\ 3 & -1 & 1 \\ -1 & 1 & -1 \end{bmatrix}.$$

Usando a identidade (4.2) podemos ver que a matriz da mudança da base B para si mesma B é a matriz identidade I_n. E pela mesma identidade (4.2) temos que a matriz da mudança da base B' para B é a matriz inversa P^{-1}. Na verdade a matriz da mudança da base é inversível e isso pode ser visto através de processo de achar a matriz da mudança da base B' para B e comparar o resultado com a matriz da mudança da base B para B' (veja Exercício 17).

Por exemplo, a matriz da mudança da base B' para B do exemplo precedente é

$$Q = P^{-1} = \frac{1}{2} \begin{bmatrix} 0 & 2 & 2 \\ 1 & 1 & 2 \\ 1 & -1 & -4 \end{bmatrix}.$$

De fato toda matriz inversível é uma matriz de mudança da base (veja Exercício 23 no final desse capítulo).

Se B, B' e B'' são três bases podemos estudar a mudança da base B para B'' através da mudança da base B para B' e de B'

96 Uma Introdução à Àlgebra Linear

para B''. Isso é o assunto do próximo teorema.

Teorema 4.36. Seja P a matriz da mudança da base B para B' e Q a matriz da mudança de B' para B''. Então PQ é a matriz de mudança da base B para B''.

Demonstração. Uma fórmula com (4.3) pode ser escrita para a mudança da base B' para B''. Isso nos dará

$$\begin{bmatrix} a'_1 \\ \cdot \\ \cdot \\ \cdot \\ \cdot \\ a'_n \end{bmatrix} = \begin{bmatrix} q_{11} & \cdots & q_{1n} \\ q_{21} & \cdots & q_{2n} \\ \cdot & \cdots & \cdot \\ \cdot & \cdots & \cdot \\ q_{n1} & \cdots & q_{nn} \end{bmatrix} \begin{bmatrix} a''_1 \\ \cdot \\ \cdot \\ \cdot \\ a''_n \end{bmatrix}.$$

Calculando de (4.3) a coluna ${}^t[a'_1 \ \cdots \ a'_n]$, temos que

$$ {}^t[a'_1 \ \cdots \ a'_n] = P^{-1} \, {}^t[a_1 \ \cdots \ a_n].$$

Substituindo na igualdade precedente, temos que

$$\begin{bmatrix} a_1 \\ \cdot \\ \cdot \\ \cdot \\ a_n \end{bmatrix} = \begin{bmatrix} p_{11} & \cdots & p_{1n} \\ p_{21} & \cdots & p_{2n} \\ \cdot & \cdots & \cdot \\ \cdot & \cdots & \cdot \\ p_{n1} & \cdots & p_{nn} \end{bmatrix} \begin{bmatrix} q_{11} & \cdots & q_{1n} \\ q_{21} & \cdots & q_{2n} \\ \cdot & \cdots & \cdot \\ \cdot & \cdots & \cdot \\ q_{n1} & \cdots & q_{nn} \end{bmatrix} \begin{bmatrix} a''_1 \\ \cdot \\ \cdot \\ \cdot \\ a''_n \end{bmatrix}.$$

A demonstração está completa.

Exemplo 4.37. Sejam as seguintes bases para $V = \mathbb{R}^2$:

$$B = \{(1,2),\ (-3,4)\}, \ B' = \{(0,1),\ (2,1)\}, \ B'' = \{(1,-1),\ (4,3)\}.$$

A matriz da mudança da base B para B' é P e de B' para B'' é Q:

$$P = \frac{1}{10} \begin{bmatrix} 3 & 11 \\ 1 & -3 \end{bmatrix}, \ Q = \frac{1}{2} \begin{bmatrix} -3 & 2 \\ 1 & 4 \end{bmatrix}.$$

Calculando a matriz da mudança da base B para B'', podemos observar que ela é exatamente o produto PQ:

$$PQ = \begin{bmatrix} \frac{1}{10} & \frac{5}{2} \\ -\frac{3}{10} & -\frac{1}{2} \end{bmatrix}.$$

4.5 Exercícios

(1) Mostre que $\mathbb{R}$ não é um espaço vetorial sobre $\mathbb{C}$.

(2) Seja (V, F) um espaço vetorial. Mostre que $\{0\}$ e V são subespaços de V.

(3) Mostre que o conjunto $\{(x, y, z) \in F^3 \mid ax + by + cz = d\}$ é um subespaço de F^3 se, e somente se, $d = 0$.

(4) Classificar os subespaços de $\mathbb{R}^3$, baseado nas dimensões.

(5) Considere o espaço vetorial $(M_n(F), F)$ das matrizes quadradas sobre F. Mostre que

(a) O subconjunto das matrizes com traços zero é um subespaço.

(b) O subconjunto, formado de matriz nula e as matrizes simétricas, é um subespaço. Observe que matrizes simétricas são, pela nossa definição, não nulas e por isso nós estamos considerando a união de matriz nula e matrizes simétricas.

(c) O subconjunto formado pela matriz nula e as matrizes anti-simétrica é um subespaço.

(d) Ache mais subespaços.

(6) (a) Sejam $(a, b), (c, d)$ dois vetores de $\mathbb{R}^2$. Mostre que esses vetores são linearmente independentes se, e somente se, $det \begin{bmatrix} a & b \\ c & d \end{bmatrix} \neq 0$.

(b) Mostre que $(a, b), (c, d)$ são linearmente independentes se, e somente se elas não são sobrepostas. Em outras palavras se, e

98 Uma Introdução à Àlgebra Linear

somente se, o ângulo entre eles é não nulo.

(7) Verifique se os vetores $\{(1,0,1),\ (2,1,1),\ (0,2,-1)\}$ são linearmente independentes.

(8) Verifique se as matrizes $\begin{bmatrix} 1 & 2 \\ 0 & 1 \end{bmatrix}$, $\begin{bmatrix} -1 & 2 \\ 3 & 1 \end{bmatrix}$, $\begin{bmatrix} 1 & 0 \\ 1 & 1 \end{bmatrix}$ são linearmente independentes.

(9) Determine todos os números reais a tal que os seguintes vetores de $\mathbb{R}^3$

$$v_1 = (3, a, 0),\ v_2 = (1, a, 1).\ v_3 = (a, 0, 5)$$

sejam linearmente independentes.

(10) No exercício precedente é possível determinar os números reais a tal que os vetores v_1, v_2 sejam linearmente dependentes? (Por quê?).

(11) Verificar se o conjunto $A = \{(x, y, z) \in \mathbb{R}^3 \mid x + 2y + 3z = 0\}$ é um subespaço vetorial de $\mathbb{R}^3$. Caso a sua resposta seja afirmativa ache uma base para A.

(12) Verifique os detalhes da demonstração da Proposição 4.11.

(13) Em quantas maneiras pode exibir $M_2(F)$ como soma direta de dois subespaços não nulos?

(14) Pela definição uma função real $f(x)$ é **par** quando

$$f(-x) = f(x)$$

para todo variável x, onde a função está definida. Ela é **ímpar** se

$$f(-x) = -f(x).$$

Mostre que o conjunto das funções reais é a soma direta de subespaços das funções pares e ímpares.

Espaços Vetoriais **99**

Sugestão: Use o método de Exemplo 4.16.

(15) Mostre que o conjunto B_2 do Exemplo 4.25 gera o espaço vetorial $V = \mathbb{R}^2$.

(16) Mostre que as matrizes

$$\begin{bmatrix} 1 & 0 \\ 0 & 0 \end{bmatrix}, \begin{bmatrix} 0 & 1 \\ 0 & 0 \end{bmatrix}, \begin{bmatrix} 0 & 0 \\ 0 & 1 \end{bmatrix}, \begin{bmatrix} 0 & 0 \\ 1 & 0 \end{bmatrix}$$

formam uma base para o espaço $V = M_2(\mathbb{R})$.

(17) Mostre que a matriz da mudança da base é sempre iversível.

(18) Seja $V = \mathbb{R}^2$ e $F = \mathbb{R}$. Considere as bases

$$B = \{(1,1),(0,1)\} \quad \text{e} \quad B' = \{(-1,1),(2,0)\}.$$

Ache a matriz da mudança da base B para B' e de B' para B.

Respostas: $P = \begin{bmatrix} -1 & 2 \\ 2 & -2 \end{bmatrix}, P^{-1} = \begin{bmatrix} 1 & 1 \\ 1 & \frac{1}{2} \end{bmatrix}.$

(19) Seja $V = \mathbb{R}^3$, $F = \mathbb{R}$ e $v = (3,4,-1)$. Com dados do Exemplo 4.35 ache a matriz de coordenadas de v nas bases B e B' usando a matriz P do Exemplo 4.35.

(20) Seja $V = M_2(\mathbb{R})$. Considere a base canônica B de V e a seguinte base B'

$$B' = \left\{ \begin{bmatrix} 1 & 1 \\ -1 & 0 \end{bmatrix}, \begin{bmatrix} 0 & 1 \\ 1 & 0 \end{bmatrix}, \begin{bmatrix} 2 & 0 \\ 0 & 3 \end{bmatrix}, \begin{bmatrix} 0 & 1 \\ 0 & 0 \end{bmatrix} \right\}.$$

Determine a matriz da mudança da base B para B' e de B' para B.

(21) Seja $V = F_3[x]$ o espaço vetorial dos polinômios de grau no máximo 3 sobre F. Considere as seguintes bases de V

$$\{1, 2x, x^2, -x^3\}, \quad \text{e} \quad \{2, 2x, -5x^2, 4x^3\}.$$

100 Uma Introdução à Álgebra Linear

Ache as matrizes das mudanças de bases.

(22) Seja $\mathbb{Q}$ o corpo dos números racionais. Qual é $dim(\mathbb{R}, \mathbb{Q})$? Pode justificar a sua resposta?

(23) Mostre que toda matriz inversível P de $M_n(\mathbb{R})$ é uma matriz de mudança da base de $\mathbb{R}^n$.

Sugestão: Considere o conjunto B' de colunas de P, que é uma base para $\mathbb{R}^n$. Neste caso P é a matriz da mudança da base canônica para B'.

(24) Seja (V, F) um espaço vetorial de dimensão três sobre F e

$$B = \{v_1, v_2, v_3\}, \quad B' = \{v_1', v_2', v_3'\}$$

bases para V sobre F tal que

$$v_1' = v_1, \ v_2' = v_1 + v_2, \ v_3' = v_1 + v_2 + v_3.$$

Mostre que B' é uma base para (V, F) e ache a matriz da mudança da base de B para B'. Mostre que ela é triangular.

(25) Dê uma definição para que um espaço vetorial seja soma direta de mais de dois subespaços vetoriais.

Capítulo 5

Produto Interno e Geometria

O objetivo principal desse capítulo é apresentar a definição e algumas das propriedades de produto interno num espaço vetorial real de dimensão finita. No final desse capítulo apresentaremos algumas aplicações do produto interno na geometria euclideana, basicamente no espaço $\mathbb{R}^2$, no plano e no espaço três dimensional $\mathbb{R}^3$.

Dizemos que um espaço vetorial é **espaço vetorial real** quando o seu corpo dos escalares é o corpo de números reais $\mathbb{R}$. O conceito de produto interno é exclusivamente definida para espaços vetoriais reais.

Um produto interno sobre um espaço vetorial real V é uma função de duas variáveis, cujas variáveis são vetores de V satisfazendo certas condições.

5.1 Produto Interno

A seguir apresentaremos a definição formal de produto interno.

Definição 5.1. Seja $(V, \mathbb{R})$ um espaço vetorial. Um **produto**

102 Uma Introdução à Àlgebra Linear

interno sobre V é uma função de duas variáveis

$$\langle \; ; \; \rangle : V \times V \to \mathbb{R}$$

tais que para todos vetores $v_1, v_2, v \in V$ e todo escalar $\alpha \in \mathbb{R}$ as seguintes condições sejam satisfeitas:

(1) $\langle v_1 + v_2; v \rangle = \langle v_1; v \rangle + \langle v_2; v \rangle$,

(2) $\langle \alpha v_1; v_2 \rangle = \alpha \langle v_1; v_2 \rangle$,

(3) $\langle v_1; v_2 \rangle = \langle v_2; v_1 \rangle$,

(4) $\langle v; v \rangle \geq 0$,

(5) $\langle v; v \rangle = 0$ se, e somente se, $v = 0$.

As primeiras duas condições são **linearidade** a respeito de primeira variável. A terceira condição é chamado **simetria**, a quarta condição é chamada **positiva definida**, e a quinta condição é a propriedade **não degenerária**. Observe que a simetria mostra que um produto interno também satisfaz a linearidade para a segunda variável.

Notação 1. O símbolo $(V, \langle \; ; \; \rangle)$ é usado para dizer que V é um espaço vetorial real munido de um produto interno $\langle \; ; \; \rangle$. Tal espaço é um **espaço euclideano**.

Exemplo 5.2. Seja $V = \mathbb{R}^2$. Nesse espaço vetorial a função

$$\langle (x_1, y_1); (x_2, y_2) \rangle = x_1 x_2 + y_1 y_2 \tag{5.1}$$

é um produto interno, pois como veremos as 5 condições da defini-

Produto Interno e Geometria 103

ção acima são satisfeitas para essa função. Seja $v = (x, y)$, então:

$$(1) \quad \langle (x_1 + x_2, y_1 + y_2); (x, y) \rangle = x_1 x + x_2 x + y_1 y + y_2 y$$
$$= x_1 x + y_1 y + x_2 x + y_2 y$$
$$= \langle (x_1, y_1); (x, y) \rangle$$
$$+ \langle (x_2, y_2); (x, y) \rangle.$$

$$(2) \quad \langle (\alpha x_1, \alpha y_1); (x_2, y_2) \rangle = \alpha x_1 x_2 + \alpha y_1 y_2$$
$$= \alpha \langle (x_1, y_1); (x_2, y_2) \rangle.$$

$$(3) \quad \langle (x_1, y_1); (x_2, y_2) \rangle = x_1 x_2 + y_1 y_2$$
$$= x_2 x_1 + y_2 y_1$$
$$= \langle (x_2, y_2); (x_1, y_1) \rangle.$$

Também temos que

$$(4) \quad \langle (x, y); (x, y) \rangle = x^2 + y^2 \geq 0.$$

$$(5) \quad \langle (x, y); (x, y) \rangle = 0 \Leftrightarrow x^2 + y^2 = 0 \Leftrightarrow x = y = 0.$$

Portanto a função (5.1) define um produto interno sobre $\mathbb{R}^2$.

O produto interno (5.1) pode ser generalizado na seguinte forma para o espaço $\mathbb{R}^n$.

$$\langle (x_1, \cdots, x_n); (y_1, \cdots, y_n) \rangle = \sum_{i=1}^{n} x_i y_i. \qquad (5.2)$$

Notação 2. Geralmente chamaremos esse produto interno (fórmula (5.2)) de **produto interno canônico** ou **produto interno padrão** de $\mathbb{R}^n$. Também é chamado de **produto escalar** de vetores de $\mathbb{R}^n$.

Exemplo 5.3. (1) No espaço $M_2(\mathbb{R})$ a seguinte função é um produto interno.

$$\langle X; Y \rangle = tr(\,^t XY), \qquad (5.3)$$

onde $X, Y \in M_2(\mathbb{R})$.

104 Uma Introdução à Álgebra Linear

(2) Em geral no espaço vetorial $M_n(\mathbb{R})$ a função

$$\langle X; Y \rangle = tr(\,^t XY), \qquad (5.4)$$

com $X, Y \in M_n(\mathbb{R})$ é um produto interno.

Exemplo 5.4. No espaço vetorial das funções contínuas e no espaço $\mathbb{R}_n[x]$ dos polinômios de grau no máximo n, podemos usar a teoria de integração para definir um produto interno. Definiremos

$$\langle f; g \rangle = \int_0^1 f(x)g(x)dx. \qquad (5.5)$$

Esse é um produto interno.

Definição 5.5. Seja $(V, \langle \ ; \ \rangle)$ um espaço vetorial real munido de um produto interno $\langle \ ; \ \rangle$. A **norma** (ou **comprimento**) de um vetor $v \in V$ é definido pelo

$$\|v\| = \langle v; v \rangle^{\frac{1}{2}}.$$

Exemplo 5.6. (1) Usando o produto interno padrão de $\mathbb{R}^3$ a norma do vetor $(1, 1, 1)$ é $\sqrt{3}$.

(2) Usando o produto interno

$$\langle (x_1, y_1, z_1); (x_2, y_2, z_2) \rangle = 2x_1x_2 + 8y_1y_2 + 6z_1z_2$$

podemos ver que a norma de $(1, 1, 1) \in \mathbb{R}^3$ é 4.

(3) No espaço vetorial $M_2(\mathbb{R})$ com produto interno $\langle X; Y \rangle = tr(\,^t XY)$, a norma da matriz $\begin{bmatrix} 1 & -1 \\ 0 & 1 \end{bmatrix}$ é

$$tr\left(\begin{bmatrix} 1 & 0 \\ -1 & 1 \end{bmatrix} \begin{bmatrix} 1 & -1 \\ 0 & 1 \end{bmatrix} \right)^{\frac{1}{2}} = \sqrt{3}.$$

5.1.1 Ortogonalização

Ortogonalização é um processo geométrico para transformar um conjunto de vetores linearmente independentes de um espaço euclideano num conjunto ortogonal. Como foi mencionado, o leitor já tem uma idéia de espaços euclideanos (veja Notação 1). A seguir apresentamos a definição formal dos espaços euclideanos.

Definição 5.7. Um **espaço euclideano** é um espaço vetorial real de dimensão finita munido de um produto interno.

Por exemplo, os espaços vetoriais $M_n(\mathbb{R})$, $\mathbb{R}^n$, $\mathbb{R}_n[x]$ são espaços euclideanos.

Um conjunto de vetores $\{v_1, v_2, \cdots, v_n\}$ num espaço euclideano com produto interno $\langle \ ; \ \rangle$ é chamado **ortogonal** quando

$$\langle v_i; v_j \rangle = 0 \quad \text{se} \ i \neq j.$$

E os vetores $\{v_1, v_2, \cdots, v_n\}$ formam um **sistema ortonormal** se

$$\langle v_i; v_j \rangle = \delta_{ij} \quad \text{para todo} \ 1 \leq i, j \leq n,$$

onde δ_{ij} é a função δ de Kronecker ($\delta_{ij} = 0$ se $i \neq j$ e $\delta_{ij} = 1$ se $i = j$).

Por exemplo, com o produto interno canônico a base canônica de $\mathbb{R}^n$ forma um sistema ortonormal.

Agora nós podemos fazer a seguinte pergunta. É possível transformar um conjunto finito de vetores de um espaço euclideano num sistema ortogonal, ou ortonormal?

A resposta dessa pergunta é em afirmativa e o objetivo dessa parte é responder essa pergunta e mostrar como chegar a um sistema ortonormal.

Proposição 5.8. Seja $(V, \mathbb{R})$ um espaço vetorial de dimensão finita munido de um produto interno $\langle \ , \ \rangle$. Então todo conjunto de

106 Uma Introdução à Álgebra Linear

vetores não nulos de um sistema ortogonal de V são linearmente independentes.

Demonstração. Seja $\{v_1, v_2, \cdots, v_n\}$ um sistema ortonormal no V. Vamos considerar uma combinação linear

$$\alpha_1 v_1 + \alpha_2 v_2 + \cdots + \alpha_n v_n = 0_V.$$

Pelas propriedades de produto interno temos que

$$\langle v_1; \alpha_1 v_1 + \cdots + \alpha_n v_n \rangle = \langle v_1; 0_V \rangle = 0$$
$$\alpha_1 \langle v_1; v_1 \rangle + \alpha_2 \langle v_1; v_2 \rangle + \cdots + \alpha_i \langle v_1; v_i \rangle + \cdots + \alpha_n \langle v_1; v_n \rangle = 0.$$

Então $\alpha_1 \langle v_1; v_1 \rangle = 0$, pois todos os $\langle v_1; v_j \rangle = 0$ para todo $j \neq 1$. Logo $\alpha_1 = 0$. Para provar que todos os coeficientes $\alpha_i = 0$ considere os seguintes cálculos

$$\langle v_i; \alpha_1 v_1 + \cdots + \alpha_n v_n \rangle = \langle v_i; 0_V \rangle = 0$$
$$\alpha_1 \langle v_i; v_1 \rangle + \alpha_2 \langle v_i; v_2 \rangle + \cdots + \alpha_i \langle v_i; v_i \rangle + \cdots + \alpha_n \langle v_i; v_n \rangle = 0.$$

Então $\alpha_i \langle v_i; v_i \rangle = 0$ pela ortonormalidade de vetores $\{v_1, v_2, \cdots, v_n\}$. Logo para todo $i = 1, 2, \cdots, n$ temos que $\alpha_i = 0$. Isso completa a demonstração.

Teorema 5.9. Seja $(W, \mathbb{R})$ um subespaço vetorial de dimensão n munido de um produto interno $\langle\ ;\ \rangle$. Seja $L = \{w_1, w_2, \cdots, w_k\}$ um sistema ortonormal de vetores de W. Então $k \leq n$ e podemos achar $r = n - k$ vetores $\{w_{k+1}, \cdots, w_r\} \subset W$ tal que o conjunto $\{w_1, \cdots, w_k, w_{k+1}, \cdots, w_n\}$ forma uma base ortonormal para W.

Demonstração. Pelo fato de que os vetores de um sistema ortonormal são linearmente independentes (Proposição 5.8) temos que $k \leq n$ (Teorema 4.28). Isso prova a primeira parte do teorema. Agora suponhamos que $k < n$, pois se $k = n$ não há nada a demonstrar. Vamos provar que existe um vetor w_{k+1} tal que o conjunto

$\{w_1, \cdots, w_k, w_{k+1}\}$ forma um sistema ortonormal. O fato de que $k < n$ implica pelo Teorema 4.28 que existe um vetor, digamos v, tal que $\{v\} \cup L$ seja linearmente independente. vamos definir:

$$c_i' = \langle v; w_i \rangle \quad 1 \leq i \leq k$$
$$v' = \sum_{i=1}^{k} c_i' w_i, \quad v'' = v - v'.$$

Primeiro, observamos que $v'' \neq 0$, pois $v \neq v'$ (Por quê?). Do outro lado, temos que

$$\langle v''; w_i \rangle = \langle v; w_i \rangle - \langle v'; w_i \rangle = c_i' - c_i' = 0.$$

Portanto, se definimos $w_{k+1} = \frac{v''}{\|v''\|}$, teremos

$$\|w_{k+1}\| = 1, \quad \text{e} \quad \langle w_{k+1}; w_i \rangle = \frac{\langle v''; w_i \rangle}{\|v''\|} = 0$$

para todo $1 \leq i \leq k$. Isso implica que $M = \{w_1, \cdots, w_k, w_{k+1}\}$ é um sistema ortonormal. Novamente, com a mesma argumentação podemos achar w_{k+2} tal que o conjunto $M \cup \{w_{k+2}\}$ seja um conjunto ortonormal. Esse processo terminará após um número finito de etapas, pois W tem dimensão finita. Portanto a demonstração está completa.

5.1.2 O método de Gram-Schmidt

Usaremos o teorema precedente e explicaremos nessa parte o **método de Gram-Schmidt** (ou **algoritmo de Gram-Schmidt**[1]) para transformar uma base de W numa base ortonormal.

Seja $\{w_1, \cdots, w_n\}$ uma base de $(W, \langle \ ; \ \rangle)$. O seguinte método (ou algoritmo de Gram-Schmidt) transforma essa base numa base ortonormal $\{w_1', \cdots, w_n'\}$.

---

[1]Para origem de palavra "algoritmo" veja Seção 8.3.

108 Uma Introdução à Álgebra Linear

(1) Definimos $w_1' = \frac{w_1}{\|w_1\|}$,

(2) definimos $u_2 = w_2 - \langle w_2; w_1' \rangle w_1'$, e $w_2' = \frac{u_2}{\|u_2\|}$,

(3) e em geral definimos

$$u_r = w_r - \langle w_r; w_1' \rangle w_1' - \cdots - \langle w_r; w_{r-1}' \rangle w_{r-1}',$$

e

$$w_r' = \frac{u_r}{\|u_r\|}.$$

Aplicando essas etapas chegaremos a uma base ortonormal.

Exemplo 5.10. Seja $B = \{(1,1,1), (0,2,1), (3,-1,0)\}$ uma base para $\mathbb{R}^3$ munido de produto interno canônico. Vamos usar o processo de ortonormalização do Gram-Schmidt e transformar essa base numa base ortonormal. Denotaremos os vetores de B por w_1, w_2, w_3 respectivamente. Pelo algoritmo de Gram-Schmidt, temos que

$$\begin{aligned}
w_1' = \tfrac{1}{\sqrt{3}}(1,1,1) &= (\tfrac{1}{\sqrt{3}}, \tfrac{1}{\sqrt{3}}, \tfrac{1}{\sqrt{3}}) \\
&= (\tfrac{\sqrt{3}}{3}, \tfrac{\sqrt{3}}{3}, \tfrac{\sqrt{3}}{3})
\end{aligned}$$

e

$$\begin{aligned}
u_2 &= (0,2,1) - (\tfrac{2\sqrt{3}}{3} + \tfrac{\sqrt{3}}{3})(\tfrac{\sqrt{3}}{3}, \tfrac{\sqrt{3}}{3}, \tfrac{\sqrt{3}}{3}) \\
&= (0,2,1) - \sqrt{3}(\tfrac{\sqrt{3}}{3}, \tfrac{\sqrt{3}}{3}, \tfrac{\sqrt{3}}{3}) \\
&= (0,2,1) - (1,1,1) \\
&= (-1,1,0)
\end{aligned}$$

e temos que

$$\begin{aligned}
w_2' = \tfrac{1}{\sqrt{2}}(-1,1,0) &= (-\tfrac{1}{\sqrt{2}}, \tfrac{1}{\sqrt{2}}, 0) \\
&= (-\tfrac{\sqrt{2}}{2}, \tfrac{\sqrt{2}}{2}, 0).
\end{aligned}$$

Devemos agora calcular u_3.

$$
\begin{aligned}
u_3 &= w_3 - \langle w_3; w_1' \rangle w_1' - \langle w_3; w_2' \rangle w_2' \\
&= (3, -1, 0) - (\sqrt{3} - \tfrac{\sqrt{3}}{3})(\tfrac{\sqrt{3}}{3}, \tfrac{\sqrt{3}}{3}, \tfrac{\sqrt{3}}{3}) \\
&\quad - (\tfrac{-3\sqrt{2}}{2} - \tfrac{\sqrt{2}}{2})(-\tfrac{\sqrt{2}}{2}, \tfrac{\sqrt{2}}{2}, 0) \\
&= (3, -1, 0) - (\tfrac{2\sqrt{3}}{3})(\tfrac{\sqrt{3}}{3}, \tfrac{\sqrt{3}}{3}, \tfrac{\sqrt{3}}{3}) \\
&\quad + 2\sqrt{2}(-\tfrac{\sqrt{2}}{2}, \tfrac{\sqrt{2}}{2}, 0) \\
&= (3, -1, 0) + (-\tfrac{2}{3}, -\tfrac{2}{3}, -\tfrac{2}{3}) + (-2, 2, 0) \\
&= (\tfrac{1}{3}, \tfrac{1}{3}, -\tfrac{2}{3}).
\end{aligned}
$$

Portanto temos que

$$
\begin{aligned}
w_3' &= \tfrac{u_3}{\|u_3\|} \\
&= \tfrac{1}{\sqrt{\tfrac{1}{9} + \tfrac{1}{9} + \tfrac{4}{9}}}(\tfrac{1}{3}, \tfrac{1}{3}, -\tfrac{2}{3}) \\
&= \tfrac{3}{\sqrt{6}}(\tfrac{1}{3}, \tfrac{1}{3}, -\tfrac{2}{3}) \\
&= (\tfrac{\sqrt{6}}{6}, \tfrac{\sqrt{6}}{6}, -\tfrac{2\sqrt{6}}{6}).
\end{aligned}
$$

Se precisar, é fácil verificar que $\{w_1', w_2', w_3'\}$ forma uma base ortonormal.

5.1.3 Desigualdades

Nessa parte vamos provar duas desigualdades para normas de vetores de espaços euclideanos. A primeira será a desigualdade de Schwartz e a segunda, a desigualdade triângulo. Ambas são de grande utilidade na álgebra linear, geometria e análise funcional.

Teorema 5.11. Suponha $(V, \langle\ ;\ \rangle)$ é um espaço euclideano. Sejam $u, v \in V$. Então vale a seguinte desigualdade de **Schwartz** (ou **Cauchy**).

$$
|\langle u; v \rangle| \leq \|u\|\|v\|.
$$

Demonstração. Seja x um número real (variável). Considere o vetor $xu + v \in V$. Vamos calcular o produto interno $\langle xu + v; xu + v \rangle$.

110 Uma Introdução à Àlgebra Linear

Temos que

$$0 \leq \langle xu + v; xu + v \rangle = \langle xu; xu \rangle + \langle xu; v \rangle + \langle v; xu \rangle + \langle v; v \rangle.$$

Então

$$0 \leq x^2 \|u\|^2 + 2x\langle u; v \rangle + \|v\|^2.$$

Esse é um polinômio quadrático não negativo com varaiável x. Portanto, é necessário que o seu discriminante seja negativo ou zero. Isso quer dizer que

$$4\langle u; v \rangle^2 - 4\|u\|^2\|v\|^2 \leq 0.$$

Daí $|\langle u; v \rangle| \leq \|u\|\|v\|$. Isso completa a demonstração.

A segunda é a desigualdade triângulo. Ela representa o fato de que um lado de um triângulo é sempre menor que soma de outros dois lados.

Teorema 5.12. Suponha que $(V, \langle ; \rangle)$ é um espaço euclideano. Sejam $u, v \in V$. Então vale a seguinte **desigualdade de triângulo**

$$\|u + v\| \leq \|u\| + \|v\|.$$

Demonstração. Temos que

$$\begin{aligned}
\|u + v\|^2 &= \langle u + v; u + v \rangle \\
&= \langle u; u \rangle + \langle u; v \rangle + \langle v; u \rangle + \langle v; v \rangle \\
&= \|u\|^2 + \|v\|^2 + 2\langle u; v \rangle.
\end{aligned}$$

Por outro lado, temos que:

$$(\|u\| + \|v\|)^2 = \|u\|^2 + \|v\|^2 + 2\|u\|\|v\|.$$

Usando o teorema anterior (desigualdade de Schwartz), temos que:

$$\|u + v\|^2 \leq (\|u\| + \|v\|)^2.$$

Logo isso implica o resultado desejado. A demonstração está completa.

5.2 Geometria de $\mathbb{R}^2$ e $\mathbb{R}^3$

Nessa seção usaremos os resultados da seção anterior e apresentaremos alguns resultados geométricos do espaço $\mathbb{R}^n$, particularmente do plano $\mathbb{R}^2$ e o espaço três dimensional $\mathbb{R}^3$.

5.2.1 Ângulo entre vetores

Suponhamos por enquanto que o nosso espaço vetorial é o espaço $\mathbb{R}^n$ munido de um produto interno $\langle\ ;\ \rangle$. Sejam $u = (a_1, a_2, \cdots, a_n)$ e $v = (b_1, b_2, \cdots, b_n)$ dois vetores não nulos de $\mathbb{R}^n$. A esses vetores e o produto interno $\langle\ ;\ \rangle$ associaremos um número real que geometricamente representa o ângulo entre dois vetores u, v. Para fazer isso retornamos a desigualdade de Schwartz e escreveremos essa desigualdade da seguinte forma:

$$-1 \leq \frac{\langle u; v \rangle}{\|u\|\|v\|} \leq 1, \quad u \neq 0\ , v \neq 0.$$

Portanto o quociente $\frac{\langle u;v \rangle}{\|u\|\|v\|}$ é um número real cujo valor absoluto é menor ou igual a um. Isso nos permite identificar o quociente, com coseno de um número real θ com: $0 \leq \theta \leq \pi$. Então

$$\frac{\langle u; v \rangle}{\|u\|\|v\|} = cos\theta, \quad 0 \leq \theta \leq \pi. \tag{5.6}$$

Chamaremos θ de **ângulo entre vetores** u, v relativo ao produto interno $\langle\ ;\ \rangle$.

Na geometria euclideana o produto interno pelo qual o comprimento de vetores são calculados é o produto interno canônico e geralmente denotado por $u \cdot v$:

$$u \cdot v = \sum_{i=1}^{n} a_i b_i. \tag{5.7}$$

112 Uma Introdução à Àlgebra Linear

Daqui para frente usaremos esse produto interno de $\mathbb{R}^n$ e definiremos:

Definição 5.13. O **ângulo entre** dois vetores não nulos $x, y \in \mathbb{R}^n$ é o ângulo $0 \leq \theta \leq \pi$ definida pela igualdade (5.6).

Observe que o ângulo entre dois vetores x, y não é exatamente igual ao ângulo entre duas retas que contêm esses vetores. Na geometria o ângulo entre duas retas é o menor ângulo entre os dois ângulos determinados pela interseção delas. Nesse sentido podemos chamar esse ângulo de **ângulo geométrico** de duas retas. Por exemplo, o ângulo entre os vetores $x = (\frac{1}{2}, \frac{\sqrt{3}}{2})$ e $y = (-\frac{\sqrt{3}}{2}, -\frac{1}{2})$ é $150° = \frac{5\pi}{6}$, enquanto o ângulo geométrico entre as retas que contém esses vetores é $30° = \frac{\pi}{6}$.

No seguinte exemplo mostraremos que a definição precedente faz sentido.

Exemplo 5.14. Seja $\mathbb{R}^2$ o espaço euclideano munido de produto interno canônico. Identificaremos esse espaço com o plano $\mathbb{R}^2$ e consideremos o sistema de coordenados ox e oy. Cada ponto (a, b) nesse plano determina um vetor v. Podemos dar direção para v no sentido que $(0, 0)$ seja o seu **ponto inicial** e (a, b) o seu **ponto final**. Esta situação é natural na física, pois os conceitos como força, velocidade, etc. são definidos pelos vetores que têm direção. Agora considere dois pontos $P_1 = (x_1, y_1)$ e $P_2 = (x_2, y_2)$ no plano e os vetores $\vec{P_1}$ e $\vec{P_2}$ determinados pelos pontos P_1 e P_2 respectivamente.

Seja β o ângulo entre eixo ox e segmento OP_2 e α o ângulo entre eixo ox e o segmento OP_1 todos com direção anti-horária. Então $\theta = \beta - \alpha$ é o ângulo entre os segmentos OP_1 e OP_2. Queremos

Produto Interno e Geometria 113

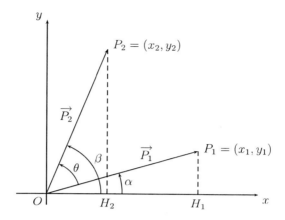

Figura 5.1.

calcular esse ângulo θ. Temos que:

$$\begin{aligned}
\cos\theta = \cos(\beta - \alpha) &= \cos\beta\cos\alpha + \sin\beta\sin\alpha \\
&= \frac{x_2}{\|\vec{P_2}\|} \cdot \frac{x_1}{\|\vec{P_1}\|} + \frac{y_2}{\|\vec{P_2}\|} \cdot \frac{y_1}{\|\vec{P_1}\|} \\
&= \frac{x_1 x_2 + y_1 y_2}{\|\vec{P_1}\|\|\vec{P_2}\|} \\
&= \frac{\vec{P_1} \cdot \vec{P_2}}{\|\vec{P_1}\|\|\vec{P_2}\|}.
\end{aligned}$$

Agora podemos ver que a definição precedente faz sentido, pois o nosso cálculo mostra que o ângulo θ é exatamente de acordo com a fórmula (5.6).

Definição 5.15. Dizemos que dois vetores são **perpendiculares** ou **ortogonais** quando o ângulo entre eles é $\pi/2$.

Por exemplo, os vetores $(1, -1)$ e $(20, 20)$ são perpendiculares, pois como a fórmula (5.6) nos mostra $\cos\theta = 0$.

Definição 5.16. O **produto escalar** de dois vetores $x, y \in \mathbb{R}^2$ é

$$x \cdot y = \|x\|\|y\| \cos\theta.$$

Deve estar claro para o leitor que essa definição é uma conseqüência imediata de identidades (5.6) e (5.7).

5.2.2 Área do paralelogramo

Suponha que $\mathcal{P}$ é um paralelogramo no plano de coordenados xoy. Posicionamos esse paralelogramo de forma que os seus vértices sejam $O = (0,0)$, $P_1 = (a,b)$, $P_2 = (c,d)$ e $P_3 = (e,f)$. Seja θ o ângulo entre vetores (a,b) e (c,d) (veja a Figura 5.2). A proposição

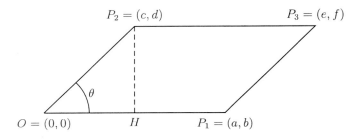

Figura 5.2.

a seguir mostra que a área de $\mathcal{P}$ é dada pelo produto das normas de vetores (a,b) e (c,d) e $sen\theta$.

Proposição 5.17. A área $A(\mathcal{P}) = \|(a,b)\|\|(c,d)\| sen\theta$.

Demonstração. Na geometria aprendemos que a área de $\mathcal{P}$ é produto de base e a altura do paralelogramo. Portanto se considerarmos o segmento OP_1 como a base e P_2H como a altura, teremos que:

$$\begin{aligned} A(\mathcal{P}) = \overline{OP_1}(\overline{P_2H}) &= \overline{OP_1}(\overline{OP_2})\, sen\theta \\ &= \|(a,b)\|\|(c,d)\|\, sen\theta. \end{aligned}$$

A demonstração está completa.

5.2.3 Equação da reta e do plano

Podemos usar o conceito de produto interno para descrever a equação das retas no plano e planos no espaço três dimensional $\mathbb{R}^3$.

Produto Interno e Geometria 115

Particularmente estaremos interessados em achar as equações das retas e planos que passam pela origem O.

Para escrever a equação de uma reta R no plano $\mathbb{R}^2$ passando pela origem $O = (0,0)$ observamos que existem dois vetores $v = (a,b)$ e $-v = (-a,-b)$ tal que R é perpendicular a eles ($\pm v$). Em outras palavras, suponhamos que $P = (x,y)$ é um ponto na reta R (veja a Figura 5.3). Então os vetores P e v são perpendiculares.

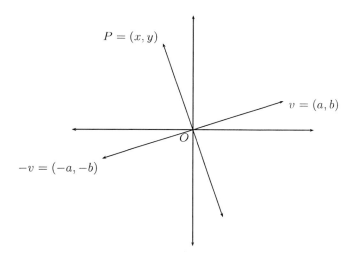

Figura 5.3.

Portanto o produto escalar $(x,y) \cdot (a,b) = 0$. Isso implica que $ax + by = 0$. Quando o ponto P varia sobre R a equação $ax + by = 0$ determinará a **equação da reta** R, a reta que passa pela origem $(0,0)$. Se usarmos o fato de que $-v$ e R são perpendiculares, teremos a mesma equação.

Agora, se desejarmos escrever a equação de um plano **P** que passa pela origem $O = (0,0,0)$ do espaço três dimensional $\mathbb{R}^3$. Usaremos o fato de que existem dois vetores $v = (a,b,c)$ e $-v = (-a,-b,-c)$ ambos perpendiculares ao plano **P**. Portanto podemos

116 Uma Introdução à Álgebra Linear

interpretar o plano **P** como conjunto de todos os vetores que são perpendiculares aos vetores $\pm v$. Logo, se $P = (x, y, z)$ é um ponto de **P**, os vetores v e $P = (x, y, z)$ são perpendiculares. Isso implica que

$$(a, b, c) \cdot (x, y, z) = 0.$$

Essa igualdade nos leva a equação $ax + by + cz = 0$. Quando o ponto $P = (x, y, z)$ varia sobre plano **P** a equação precedente determinará a **equação do plano P**, que passa pela origem $(0, 0, 0)$. Se usarmos $-v$ em vez de v teremos a mesma equação. A **equação da reta** geral que passa pelos dois pontos A, B do plano é $ax + by = d$, se $d = 0$ essa reta passa pela origem. Da mesma forma a **equação do plano** geral que passa por três pontos é $ax + by + cz = d$, quando $d = 0$ o plano passa pela origem.

Agora o leitor pode observar que as retas $y = mx$ no plano $\mathbb{R}^2$ que passam pela origem são subespaços vetoriais de $\mathbb{R}^2$ e planos $ax + by + cz = 0$ que passam pelo origem $(0, 0, 0)$ são subespaços vetoriais de $\mathbb{R}^3$.

Definição 5.18. Dizemos que um vetor v de um espaço euclideano $(V, \langle \ ; \ \rangle)$ é **unitário a respeito de** $\langle \ ; \ \rangle$ se, e somente se, $\|v\| = 1$. Quando $\langle \ ; \ \rangle$ é produto interno canônico simplesmente dizemos que v é **unitário**.

Por exemplo, os vetores de um sistema ortonormal são unitários.

5.3 Rotação no $\mathbb{R}^2$ e $\mathbb{R}^3$

Vamos considerar no plano $\mathbb{R}^2$ um sistema de coordenados xoy a ser chamado sistema velho e um ângulo θ a ser chamado o ângulo da rotação. A rotação do sistema velho por ângulo θ é um novo sistema XoY cujos coordenados podem ser obtidos através de uma mudança da base com a matriz da mudança da base

$$A = \begin{bmatrix} cos\theta & -sen\theta \\ sen\theta & cos\theta \end{bmatrix}.$$

Na verdade, suponhamos que $P = (a, b)$ é um ponto no sistema velho com coordenados a e b. Após a rotação anti-horária de sistema xoy pelo ângulo θ chegaremos ao novo sistema XoY e que nesse sistema os coordenados do ponto P serão A e B (veja a Figura 5.4). Em outras palavras, teremos $P = (A, B)$. O nosso objetivo

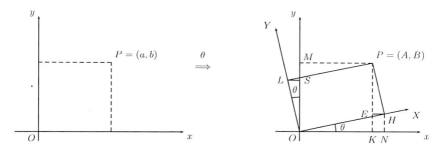

Figura 5.4.

é cálcular A e B em termo de a, b e θ. No triângulo oHN (veja figura acima) temos que

$$a = oK = oN - KN = A cos\theta - B sen\theta.$$

E no triângulo PEH e linha PK temos que

$$b = PK = PE + EK = B cos\theta + A sen\theta.$$

Então

$$\begin{bmatrix} a \\ b \end{bmatrix} = \begin{bmatrix} cos\theta & -sen\theta \\ sen\theta & cos\theta \end{bmatrix} \begin{bmatrix} A \\ B \end{bmatrix}. \qquad (5.8)$$

Para calcular $\begin{bmatrix} A \\ B \end{bmatrix}$ em termo de $\begin{bmatrix} a \\ b \end{bmatrix}$ usaremos o fato de que o determinante da matriz $R = \begin{bmatrix} cos\theta & -sen\theta \\ sen\theta & cos\theta \end{bmatrix}$ é igual a 1 e que

118 Uma Introdução à Àlgebra Linear

então a sua inversa é $R^{-1} = \begin{bmatrix} cos\theta & sen\theta \\ -sen\theta & cos\theta \end{bmatrix}$. Portanto pela identidade (5.8) temos que

$$\begin{bmatrix} A \\ B \end{bmatrix} = \begin{bmatrix} cos\theta & sen\theta \\ -sen\theta & cos\theta \end{bmatrix} \begin{bmatrix} a \\ b \end{bmatrix}.$$

Ou em geral

$$\begin{bmatrix} X \\ Y \end{bmatrix} = \begin{bmatrix} cos\theta & sen\theta \\ -sen\theta & cos\theta \end{bmatrix} \begin{bmatrix} x \\ y \end{bmatrix}. \tag{5.9}$$

Chamaremos a matriz R de **matriz de rotação** no plano. Ela satisfaz as seguintes propriedades.

Proposição 5.19. A matriz R satisfaz as seguintes propriedades:

(1) $^tRR = R\,^tR = I.$
(2) $detR = 1.$

Demonstração. Basta fazer os seguintes cálculos:

$$\begin{bmatrix} cos\theta & sen\theta \\ -sen\theta & cos\theta \end{bmatrix} \begin{bmatrix} cos\theta & -sen\theta \\ sen\theta & cos\theta \end{bmatrix} =$$

$$\begin{bmatrix} cos^2\theta + sen^2\theta & -cos\theta sen\theta + sen\theta cos\theta \\ -sen\theta cos\theta + cos\theta sen\theta & sen^2\theta + cos^2\theta \end{bmatrix} = \begin{bmatrix} 1 & 0 \\ 0 & 1 \end{bmatrix}.$$

Também $detR = cos^2\theta + sen^2\theta = 1$. Para completar a demonstração falta mostrar que $R\,^tR = I$. Deixaremos isso para o leitor.

Definição 5.20. Quaisquer matriz real quadrada que satisfaz a condição (1) da proposição anterior é chamada **matriz ortogonal** (veja Exercício 14 do Capítulo 1). Quando determinante de uma matriz ortogonal é 1, ela é chamada de **matriz ortogonal especial**.

Produto Interno e Geometria 119

Por exemplo, a matriz de rotação no plano é uma matriz ortogonal especial.

A identidade (5.9) nos mostra que

$$\begin{cases} X &=& x\cos\theta + y\,sen\theta \\ Y &=& -x\,sen\theta + y\cos\theta \end{cases} \qquad (5.10)$$

equivalentemente

$$\begin{cases} x &=& X\cos\theta - Y\,sen\theta \\ y &=& X\,sen\theta + Y\cos\theta \end{cases} \qquad (5.11)$$

Exemplo 5.21. A equação de um círculo com raio r e centro $(0,0)$ no sistema xoy não mudará após de rotação do sistema com um ângulo θ. De fato, a equação desse círculo no sistema xoy é $x^2 + y^2 = r^2$. Para achar a equação do círculo no sistema novo XoY usaremos as identidades (5.11), e assim teremos:

$$(X\cos\theta - Y\,sen\theta)^2 + (X\,sen\theta + Y\cos\theta)^2 = r^2.$$

Um cálculo simples mostra que essa igualdade é $X^2 + Y^2 = r^2$.

Exemplo 5.22. Ache a equação do elipse $\frac{x^2}{4} + \frac{y^2}{9} = 1$ no sistema novo obtido pela rotação do ângulo $\theta = \frac{\pi}{4}$. Neste caso as identidades (5.11) serão iguais a

$$\begin{cases} x &=& \frac{\sqrt{2}}{2}X - Y\frac{\sqrt{2}}{2} \\ y &=& \frac{\sqrt{2}}{2}X + Y\frac{\sqrt{2}}{2} \end{cases}$$

Então a nova equação é obtida após substituição do x e y de sistema acima de equações, na equação do elipse. Isso nos dará

$$\frac{(\frac{\sqrt{2}}{2}X - \frac{\sqrt{2}}{2}Y)^2}{4} + \frac{(\frac{\sqrt{2}}{2}X + \frac{\sqrt{2}}{2}Y)^2}{9} = 1.$$

Um cálculo elementar nos leva a seguinte equação

$$13X^2 + 13Y^2 - 10XY = 72.$$

120 Uma Introdução à Álgebra Linear

5.3.1 Rotação no espaço $\mathbb{R}^3$

A menos do valor de ângulo θ a rotação no plano é única. Em outras palavras só existe um tipo de rotação no plano. Mas isso não é o caso no espaço $\mathbb{R}^3$. No espaço $\mathbb{R}^3$ existem várias rotações. Por exemplo, podemos deixar o eixo oz do sistema $xoyz$ fixo e definir uma rotação com ângulo θ no plano xoy. Neste caso a matriz da mudança da base será

$$R_1 = \begin{bmatrix} \cos\theta & -sen\theta & 0 \\ sen\theta & \cos\theta & 0 \\ 0 & 0 & 1 \end{bmatrix}$$

e o sistema novo $XoYZ$ será obtido pela:

$$\begin{bmatrix} X \\ Y \\ Z \end{bmatrix} = \begin{bmatrix} \cos\theta & -sen\theta & 0 \\ sen\theta & \cos\theta & 0 \\ 0 & 0 & 1 \end{bmatrix} \begin{bmatrix} x \\ y \\ z \end{bmatrix}.$$

Ou equivalentemente

$$\begin{bmatrix} x \\ y \\ z \end{bmatrix} = \begin{bmatrix} \cos\theta & sen\theta & 0 \\ -sen\theta & \cos\theta & 0 \\ 0 & 0 & 1 \end{bmatrix} \begin{bmatrix} X \\ Y \\ Z \end{bmatrix}.$$

Então temos que

$$\begin{cases} x & = & X\cos\theta + Y sen\theta \\ y & = & -X sen\theta + Y\cos\theta \\ z & = & Z. \end{cases}$$

A rotação discutida acima é a **rotação em volta do eixo** oz.

Similarmente podemos definir a rotação em volta de eixo oy e ox por ângulo φ e ρ respectivamente. O resultado será as seguintes matrizes da mudança da base

$$R_2 = \begin{bmatrix} \cos\theta & 0 & -sen\theta \\ 0 & 1 & 0 \\ sen\theta & 0 & \cos\theta \end{bmatrix}$$

Produto Interno e Geometria 121

que é a matriz de rotação em volta de eixo oy, e

$$R_3 = \begin{bmatrix} 1 & 0 & 0 \\ 0 & cos\theta & -sen\theta \\ 0 & sen\theta & cos\theta \end{bmatrix}$$

que é a rotação em volta de eixo ox. Todas as matrizes R_1, R_2 e R_3 são ortogonais especiais.

5.4 Exercícios

(1) Marque e ache a soma de vetores $(1, 0)$, $(-1, 1)$ e $(\frac{1}{2}, 3)$ no plano $\mathbb{R}^2$.

(2) Escreva a equação da reta no plano $\mathbb{R}^2$ que contém o vetor (a, b).

(3) Escreva a equação de uma reta Δ que passa pelo ponto $(2, 3)$ e paralelo com o vetor $(1, 1)$.

Sugestão: Primeiro escreva a equação de reta que contém o vetor $(1, 1)$.

(4) Esboce a soma e diferença de vetores $(2, 1)$ e $(3, -1)$, no plano.

(5) Escreva a equação da reta no plano $\mathbb{R}^2$ que passa pelos pontos $(2, 1)$ e $(3, -1)$.

Sugestão: Essa reta contém o vetor $(2, 1) - (3, -1) = (-1, 2)$.

(6) Escreva a equação do plano no espaço $\mathbb{R}^3$ que passa pelos pontos $(1, 0, 0)$, $(0, 1, 0)$, e $(0, 0, 0)$.

(7) Pode escrever a equação do plano no espaço $\mathbb{R}^3$ que passa pelos pontos $(1, 0, 0)$, $(0, 1, 0)$ e $(0, 0, 1)$?

(8) Verifique se os pontos $(2, 1, -1)$, e $(4, 1, 0)$ satisfazem a equação $2x + y - z = 6$.

(9) Verifique se os vetores $(-1, 2, 3)$, $(-1, 0, 1)$ pertencem ao subes-

122 Uma Introdução à Àlgebra Linear

paço vetorial definido pelo plano $3x + 3y - z = 0$.

(10) Esboce os planos $x + y + z = 0$ e $x - y - z = 0$ no espaço $\mathbb{R}^3$.

(11) Verifique se $\langle (x_1, y_1); (x_2, y_2) \rangle = 2x_1x_2 + y_1y_2$ é um produto interno no plano $\mathbb{R}^2$.

(12) Seja a um número real positivo. Mostre que
$$\langle (x_1, y_1, z_1); (x_2, y_2, z_2) \rangle = x_1x_2 + y_1y_2 + az_1z_2$$
é um produto interno no espaço $\mathbb{R}^3$.

(13) Seja $\langle \ ; \ \rangle$ o produto interno canônico no espaço $\mathbb{R}^2$. Com esse produto interno calcule o ângulo entre os vetores $(1, 3)$ e $(-1, 2)$.

(14) Dê uma demonstração pelo fato de que os vetores $\{w_1', w_2', \cdots, w_n'\}$ do algoritmo de Gram-Schmidt são ortonormais.

  Sugestão: considere o Teorema 5.9.

(15) Mostre que os vetores $(1, 0, 0)$, $(0, 1, 0)$, $(0, 0, 2)$ são dois a dois perpendiculares a respeito do produto interno canônico de $\mathbb{R}^3$. A respeito desse produto interno eles são unitários? Se não, use o método de Gram-Schmidt e transforme essa base numa base ortonormal.

(16) Ache todos os vetores unitários perpendiculares ao vetor (a, b) considerando o produto interno canônico de $\mathbb{R}^2$.

(17) Escreva a equação do plano que passa pelo origem $(0, 0, 0)$ e é perpendicular ao vetor $(1, 0, 0)$ no espaço $\mathbb{R}^3$.

(18) Ache todos os vetores unitários que fazem ângulo $\frac{\pi}{3}$ com o vetor $(1, 1)$.

(19) Mostre que os vetores $v_1 = (0, -1, 3)$ e $v_2 = (1, 0, -2)$ pertencem ao plano $\mathbf{P} = 2x + 3y + z = 0$. Ache o ângulo entre esses vetores.

(20) Com dados do Exercício 19, mostre que sempre é possível achar números reais x, y tais que qualquer vetor (a, b, c) no plano $\mathbf{P}$ pode

Produto Interno e Geometria 123

ser escrito na forma $(a, b, c) = xv_1 + yv_2$.

(21) Com o produto interno do Exercício 12 transforme por meio do método de Gram-Schmidt a base
$$B = \{(1, 2, 3), (-1, -2, -3), (1, 2, 0)\}$$
numa base ortonormal.

(22) No espaço $M_2(\mathbb{R})$ considere o produto interno $\langle X; Y \rangle = tr(\,^t XY)$ e transforme por meio do método de Gram-Schimdt a base
$$\left\{ \begin{bmatrix} 1 & 2 \\ 0 & 1 \end{bmatrix}, \begin{bmatrix} -1 & 2 \\ 1 & 1 \end{bmatrix}, \begin{bmatrix} 0 & 1 \\ 2 & 1 \end{bmatrix}, \begin{bmatrix} 0 & 0 \\ 0 & 1 \end{bmatrix} \right\}$$
numa base ortonormal.

(23) Mostre que se $\langle\ ;\ \rangle$ é um produto interno num espaço vetorial real então $\langle v; 0_V \rangle = 0$. Observe que esse fato foi usado na demonstração da Proposição 5.8.

(24) Mostre que produto das matrizes ortogonais é uma matriz ortogonal.

(25) Mostre que a fórmula (5.5) define um produto interno no espaço $\mathbb{R}_n[x]$.

(26) Mostre que determinante de matrizes ortogonais são ± 1.

(27) Mostre a desigualdade $\|u - v\| \geq |\|u\| - \|v\||$.

(28) Mostre que $\|\alpha v\| = \alpha \|v\|$.

(29) Mostre que se $w = \frac{u}{\|u\|}$ então $\|w\| = 1$.

(30) Calcular a área do paralelogramo com vértices $(0, 0)$, $(1, 2)$ e $(2, 1)$.

(31) Escrever uma fórmula para área de um triângulo com vértices A, B, C.

Sugestão: Usar a fórmula da área de paralelograma.

(32) Calcular a área de um paralelograma com vértices A, B, C, D.

124 Uma Introdução à Àlgebra Linear

(33) Equação de uma esfera de raio r e centro $(0,0,0)$ no $\mathbb{R}^3$ é $x^2 + y^2 + z^2 = r^2$. Mostre que a equação dessa esfera não mudará no sistema de coordenados (X, Y, Z) após uma rotação de coordenados por ângulo θ.

(34) Achar a equação do elipse $\frac{x^2}{4} + \frac{y^2}{9} = 1$ no sistema novo de coordenados X, Y, obtida pela rotação de ângulo $\theta = \frac{\pi}{3}$

(35) **Equação padrão de elipse** é $\frac{x^2}{a^2} + \frac{y^2}{b^2} = 1$. Ache o ângulo da rotação θ que transformà o elipse

$$31X^2 + 21Y^2 + 10\sqrt{3}XY = 144$$

na forma padrão.

Sugestão: primeiro escreva esta equação do elipse na forma padrão e depois determinar o ângulo desejado.

(36) A mudança de coordenados $x = X + a$ e $y = Y + b$, onde a, b são dois números reais dados, é chamado de **translação de coordenados**. Escreva a equação do cículo $X^2 + Y^2 - 4X - 6Y - 3 = 0$ na **forma padrão** $x^2 + y^2 = r^2$, após uma translação de coordenados.

(37) Escreva a equação da elipse $\frac{x^2}{4} + \frac{y^2}{9} = 1$ após uma translação x=X+10, y=Y+10 e uma rotação por ângulo $\theta = \frac{\pi}{4}$.

(38) Escreva a equação de cone cujo eixo de simetria é o vetor v=(0,0,1) e seu gerador é um vetor que faz ângulo $\frac{\pi}{3}$ com v.

(39) Porquê na igualdade (5.6) não foi usado $sen\ \theta$ em vez de $cos\ \theta$?

Capítulo 6

Transformações Lineares

O capítulo de transformções lineares na álgebra linear deve ser considerado como o ponto de encontro de todos os assuntos já discutidos e a serem discutidos. O conceito de transformação linear é um dos ramos mais belos e importantes da matemática por várias razões. Primeiro, as transformações lineares podem ser visitas como a versão analítica das matrizes. Segundo, quando não é possível formular um problema matemático pelas matrizes nos espaços vetoriais de dimensões infinitas, transformações lineares podem ser usados em lugar das matrizes. Também transformações lineares têm uma conexão fundamental com estudos de sistemas lineares.

6.1   Definições

Começaremos esta seção com a definição de transformações lineares. Os nossos dados serão dois espaços vetoriais (V, F) e (W, F) ambos de dimensões finitas.

Definição 6.1. Uma **transformação linear** (sobre F)[1] de um

---

[1]Também é usado o nome F-**linear**.

126 Uma Introdução à Àlgebra Linear

espaço vetorial V no espaço vetorial W é uma função $T : V \to W$ que para todos vetores v_1, v_2, v e escalar $\alpha \in F$ satisfaz as seguintes condições:

(1) $T(v_1 + v_2) = T(v_1) + T(v_2)$,

(2) $T(\alpha v) = \alpha T(v)$.

Essas condições nos dizem que as transformações lineares entre espaços vetoriais V e W preservam as operações de adição e multiplicação por escalar desses espaços.

O nosso primeiro resultado é o seguinte:

Proposição 6.2. Seja $T : V \to W$ uma transformação linear sobre F (isso quer dizer que os espaços vetoriais são definidos sobre F e que as escalares são elementos desse corpo). Então valem as seguintes propriedades:

(a) $T(v_1 - v_2) = T(v_1) - T(v_2)$,

(b) $T(0_V) = 0_W$.

Demonstração. Para provar o item (a) usaremos o item (1) da definição precedente, usando $-v_2$ em lugar de v_2. Isso nos leva a seguinte igualdade

$$T(v_1 + (-v_2)) = T(v_1 - v_2) = T(v_1) + T(-v_2).$$

Mas, pela condição (2) da definição, temos que

$$T(-v_2) = T((-1)v_2) = -T(v_2).$$

Então,

$$T(v_1 - v_2) = T(v_1) - T(v_2)$$

que é a identidade do item (a). Para demonstrar o item (b) usaremos o item (a) com $v_2 = v_1$. Isso nos da a seguinte

$$T(v_1 - v_1) = T(v_1) - T(v_1).$$

Transformações Lineares 127

Portanto $T(0_V) = 0_W$. A demonstração está completa.

A seguinte proposição 6.3 pode ser usada como uma definição de transformações lineares, e ela fornece uma única condição para que uma função de V em W seja uma transformação linear.

Proposição 6.3. Uma função $T : V \to W$ é uma transformação linear se, e somente se, para todos vetores u, v e todos escalares α e β vale a identidade:

$$T(\alpha u + \beta v) = \alpha T(u) + \beta T(v). \tag{6.1}$$

Demonstração. Primeiro, vamos extrair da identidade (6.1) as condições (1) e (2) da Definição 6.1. Para fazer isso basta colocar $\alpha = \beta = 1$ na identidade (6.1). Isso nos da a condição (1) da Definição 6.1. Para chegar a condição (2) basta supor que $\alpha = \beta$ e $u = 0$ e usá-los na identidade (6.1). Segundo, vamos extrair a identidade (6.1) das duas condições (1) e (2) da definição. Para isso substituiremos αu no lugar de $\alpha_1 v_1$ e βv no lugar de $\alpha_2 v_2$, e então teremos

$$T(\alpha u + \beta v) = T(\alpha u) + T(\beta v).$$

Agora usaremos a condição (2) da definição acima e isso nos dará

$$T(\alpha u + \beta v) = T(\alpha u) + T(\beta v) = \alpha T(u) + \beta T(v).$$

A demonstração está completa. **Exemplo 6.4.** (1) Seja $V = \mathbb{R}^3$, $W = \mathbb{R}^2$ e $F = \mathbb{R}$. A função $T : \mathbb{R}^3 \to \mathbb{R}^2$ definida pela

$$T(x, y, z) = (x + y, y + z)$$

é uma transformação linear, pois como os seguintes cálculos mostram ela satisfaz a identidade (6.1). De fato, temos que

$$T(\alpha(x_1, y_1, z_1) + \beta(x_2, y_2, z_2))$$

128 Uma Introdução à Àlgebra Linear

é igual a seguinte:

$$
\begin{aligned}
&= T((\alpha x_1, \alpha y_1, \alpha z_1) + (\beta x_2, \beta y_2, \beta z_2)) \\
&= T(\alpha x_1 + \beta x_2, \alpha y_1 + \beta y_2, \alpha z_1 + \beta z_2) \\
&= (\alpha x_1 + \beta x_2 + \alpha y_1 + \beta y_2, \\
&\quad \alpha y_1 + \beta y_2 + \alpha z_1 + \beta z_2) \\
&= (\alpha(x_1 + y_1) + \beta(x_2 + y_2), \\
&\quad \alpha(y_1 + z_1) + \beta(y_2 + z_2)) \\
&= (\alpha(x_1 + y_1), \alpha(y_1 + z_1)) \\
&\quad + (\beta(x_2 + y_2), \beta(y_2 + z_2)) \\
&= \alpha(x_1 + y_1, y_1 + z_1) \\
&\quad + \beta(x_2 + y_2, y_2 + z_2) \\
&= \alpha T(x_1, y_1, z_1) + \beta T(x_2, y_2, z_2).
\end{aligned}
$$

(2) Seja $V = M_2(\mathbb{R})$, $W = M_2(\mathbb{R})$, e $F = \mathbb{R}$. A função

$$
T : M_2(\mathbb{R}) \to M_2(\mathbb{R})
$$

definida pela

$$
T\left(\begin{bmatrix} x & y \\ z & t \end{bmatrix}\right) = \begin{bmatrix} 2x & y \\ z & 4t \end{bmatrix}
$$

é uma transformação linear, pois como os seguintes cálculos mostram esta função satisfaz a identidade (6.1).

$$T \left(\alpha \begin{bmatrix} x_1 & y_1 \\ z_1 & t_1 \end{bmatrix} + \beta \begin{bmatrix} x_2 & y_2 \\ z_2 & t_2 \end{bmatrix} \right) =$$

$$= T \left(\begin{bmatrix} \alpha x_1 + \beta x_2 & \alpha y_1 + \beta y_2 \\ \alpha z_1 + \beta z_2 & \alpha t_1 + \beta t_2 \end{bmatrix} \right)$$

$$= \begin{bmatrix} 2\alpha x_1 + 2\beta x_2 & \alpha y_1 + \beta y_2 \\ \alpha z_1 + \beta z_2 & 4(\alpha t_1 + \beta t_2) \end{bmatrix}$$

$$= \begin{bmatrix} 2\alpha x_1 & \alpha y_1 \\ \alpha z_1 & 4\alpha t_1 \end{bmatrix} + \begin{bmatrix} 2\beta x_2 & \beta y_2 \\ \beta z_2 & 4\beta t_2 \end{bmatrix}$$

$$= \alpha T \left(\begin{bmatrix} x_1 & y_1 \\ z_1 & t_1 \end{bmatrix} \right) + \beta T \left(\begin{bmatrix} x_2 & y_2 \\ z_2 & t_2 \end{bmatrix} \right).$$

6.1.1 Imagem e núcleo

O núcleo (que também é chamado kernel) e a imagem de uma transformação linear são dois conceitos fundamentais no estudo de transformações lineares. A imagem de uma transformação linear é exatamente a imagem definida para funções (veja Seção 2.1 do Capítulo 2). Repetindo a mesma definição, teremos a seguinte definição formal de imagem.

Definição 6.5. Seja $T : V \to W$ uma transformação linear sobre F. Pela definição a **imagem** de T é o conjunto

$$Im(T) = \{w \in W \mid \text{ existe } v \in V \text{ tal que } T(v) = w\}.$$

Definição 6.6. Seja $T : V \to W$ uma transformação linear sobre F. O **núcleo** (ou **kernel**) de T é o conjunto

$$N(T) = Ker(T) = \{v \in V \mid T(v) = 0_W\}.$$

130 Uma Introdução à Álgebra Linear

Teorema 6.7. Seja $T : V \to W$ uma transformação linear sobre F.

(1) O núcleo de T é um subespaço de V.

(2) A imagem de T é um subespaço de W.

Demonstração. Sejam $v_1, v_2 \in N(T)$. Então $T(v_1) = 0_W$ e $T(v_2) = 0_W$. Somando essas duas igualdades teremos que

$$T(v_1) + T(v_2) = T(v_1 + v_2) = 0_W.$$

Portanto $v_1 + v_2 \in N(T)$. Também, se $\alpha \in F$, temos que

$$\alpha T(v_1) = T(\alpha v_1) = \alpha 0_W = 0_W.$$

Isso mostra que $N(T)$ é um subespaço de V. Para demonstrar a segunda parte considere $w_1, w_2 \in Im(T)$. Então existem $v_1, v_2 \in V$ tal que $T(v_1) = w_1$ e $T(v_2) = w_2$. Agora, somando essas igualdades teremos

$$T(v_1) + T(v_2) = T(v_1 + v_2) = w_1 + w_2.$$

Portanto, $w_1 + w_2 \in Im(T)$. Mas, também se $\alpha \in F$, temos que $\alpha T(v_1) = \alpha w_1$. Isso implica que $T(\alpha v_1) = \alpha w_1$. Logo, $\alpha w_1 \in W$. Isso completa a demonstração.

Exemplo 6.8. (1) Considere a transformação linear $T : \mathbb{R}^2 \to \mathbb{R}^3$ definida pela

$$T(x, y) = (x, y, x).$$

Neste caso a imagem de T é o conjunto

$$Im(T) = \{(x, y, z) \in \mathbb{R}^3 \mid x = z\}.$$

Ele é um subespaço vetorial e pode ser identificado com o plano $x = z$ no espaço vetorial $\mathbb{R}^3$.

Transformações Lineares 131

(2) O núcleo dessa transformação linear é o subespaço vetorial

$$
\begin{aligned}
N(T) &= \{(x,y) \in \mathbb{R}^2 \mid T(x,y) = (0,0,0)\} \\
&= \{(x,y) \in \mathbb{R}^2 \mid (x,y,x) = (0,0,0)\} \\
&= \{(0,0)\}.
\end{aligned}
$$

Teorema 6.9. Sejam V, W espaços vetoriais de dimensões finitas sobre F, e $T : V \to W$ uma transformação linear sobre F. Então

$$
dimN(T) + dimIm(T) = dimV. \tag{6.2}
$$

Demonstração. Suponhamos que $dimV = n$ e $dimN(T) = n - r$. Vamos provar que $dimIm(T) = r$. Para fazer isso seja $B = \{u_{r+1}, \cdots, u_n\}$ uma base para $N(T)$. Pelo Teorema 4.28 podemos estender essa base a uma base de V adicionando r vetores $u_1, \cdots, u_r$. Então teremos a seguinte base

$$
B' = \{u_1, u_2, \cdots, u_r, u_{r+1}, \cdots, u_n\}
$$

para V. Agora, considere o conjunto

$$
B'' = \{T(u_1), T(u_2), \cdots, T(u_r), T(u_{r+1}), \cdots, T(u_n)\}.
$$

Pela definição de núcleo temos que $T(u_{r+1}) = \cdots = T(u_n) = 0$. Portanto

$$
B'' = \{T(u_1), \cdots, T(u_r)\}.
$$

É claro que os elementos de B'' são membros de $Im(V)$, e que B'' tem r elementos. Para completar a demonstração do teorema basta provar que os vetores (elementos) de B'' são linearmente independentes. Para fazer isso vamos considerar a combinação linear

$$
x_1T(u_1) + x_2T(u_2) + \cdots x_rT(u_r) = 0_V.
$$

132 Uma Introdução à Álgebra Linear

Usando o fato de que T é uma transformação linear podemos escrever a identidade precedente na seguinte forma:

$$T(x_1 u_1 + x_2 u_2 + \cdots + x_r u_r) = 0_V.$$

Logo $v = \sum_{i=1}^{r} x_i u_i \in N(T)$. Então v é uma combinação linear dos vetores de B (relembre que B é uma base para $N(T)$). Daí, existem números $x_{r+1}, \cdots, x_n \in F$ tal que $v = \sum_{i=r+1}^{n} x_i u_i$. Então

$$\sum_{i=1}^{r} x_i u_i = \sum_{i=r+1}^{n} x_i u_i.$$

Logo

$$x_1 u_1 + \cdots + x_r u_r - x_{r+1} u_{r+1} - \cdots - x_n u_n = 0_V.$$

Mas, os vetores de B' são linearmente independentes (pois B' é uma base), daí para todo $i = 1, \cdots, r$ temos que $x_i = 0$. Portanto B'' é uma base e isso completa a demonstração.

Exemplo 6.10. Considere o espaço vetorial $V = M_n(F)$ e o espaço vetorial $W = F$. Ambos são espaços vetoriais sobre F. A dimensão do V é n^2 e a dimensão de W é 1. A função do traço

$$T : M_n(F) \to F$$

$$T(X) = tr(X)$$

é uma transformação linear. O núcleo de T é o subespaço das matrizes de $M_n(F)$ com traço zero. Nesse exemplo, vamos usar a identidade (6.2) para calcular a dimensão de $N(tr)$. Observe que a função tr é sobrejetora, pois, para quaisquer $\alpha \in F$, sempre há uma matriz no $M_n(F)$ com traço α. Por exemplo, a matriz diagonal $diag(\alpha, 0, \cdots, 0) \in M_n(F)$ tem traço α. Portanto,

Transformações Lineares 133

$Im(tr) = F$. Isso nos dá que $dimIm(tr) = 1$. Logo, pela (6.2) temos que $dimN(tr) = n^2 - 1$.

Em geral os subespaços de dimensão $m - 1$ de um espaço vetorial de dimensão m são chamados **hiperplano**. Então $N(tr)$ é um hiperplano no $M_n(F)$.

Proposição 6.11. Uma transformação linear $T : V \to W$ é injetora se, e somente se, $N(T) = 0_V$.

Demonstração. Suponha que T é injetora, e $v \in N(T)$. Então $T(v) = 0_W$. Mas $T(0_V) = 0_W$. Logo, $T(0_V) = T(v)$. O fato de que T é injetora implica $v = 0_V$. Portanto $N(T) = 0_V$. Agora, suponha que $N(T) = 0_V$. Para provar que T é injetora é necessário mostrar que a igualdade $T(v_1) = T(v_2)$ implica $v_1 = v_2$. Mas $T(v_1) = T(v_2)$ implica $T(v_1 - v_2) = 0_W$. Portanto, $v_1 - v_2 = 0_V$ pois $N(T) = 0_V$. Então $v_1 = v_2$. Isso completa a demonstração.

6.2 Matrizes e Transformações Lineares

Nos espaços vetoriais de dimensões finitas podemos estudar matrizes e transformações lineares paralelamente. Em outras palavras, os estudos de matrizes e transformações lineares são equivalentes. A cada matriz $A \in M_{mn}(F)$ podemos associar uma transformação linear do espaço $F^n \to F^m$ da seguinte maneira:

Definição 6.12. A **transformção linear associada** a uma matriz $A \in M_{mn}(F)$ é definida pela:
$$T_A : F^n \to F^m$$

$$T_A(v) = Av, \quad v \in F^n,$$

onde estamos considerando $v \in F^n$ como uma matriz coluna $n \times 1$.

134 Uma Introdução à Álgebra Linear

Proposição 6.13. T_A é uma transformação linear.

Demonstração. Teremos que fazer os seguintes cálculos para vetores $v_1, v_2 \in F^n$ e escalares $\alpha, \beta \in F$:

$$
\begin{aligned}
T_A(\alpha v_1 + \beta v_2) &= A(\alpha v_1 + \beta v_2) \\
&= A(\alpha v_1 + \beta v_2) \\
&= A\alpha v_1 + A\beta v_2 \\
&= \alpha A v_1 + \beta A v_2 \\
&= \alpha T_A(v_1) + \beta T_A(v_2).
\end{aligned}
$$

A demonstração está completa.

Reciprocamente a cada transformação linear podemos associar uma matriz. Para fazer isso, suponha que (V, F) e (W, F) sejam dois espaços vetoriais de dimensão n e m respectivamente. E sejam

$$ B_V = \{v_1, v_2, \cdots, v_n\} \quad \text{e} \quad B_W = \{w_1, w_2, \cdots, w_m\} $$

as bases escolhidas para V e W respectivamente. Com esses dados definiremos a matriz associada a uma transformação linear $T : V \to W$ da seguinte maneira:

Definição 6.14. A matriz da transformação linear $T : V \to W$ nas bases B_V e B_W é a matriz $A \in M_{m \times n}(F)$ cujas entradas a_{ij} são os seguintes coeficientes a_{ij}:

$$
\begin{aligned}
T(v_1) &= a_{11}w_1 &+& a_{21}w_2 &+& \cdots &+& a_{m1}w_m \\
T(v_2) &= a_{12}w_1 &+& a_{22}w_2 &+& \cdots &+& a_{m2}w_m \\
\cdots &= \cdot &+& \cdot &+& \cdots &+& \cdot \\
\cdots &= \cdot &+& \cdot &+& \cdots &+& \cdot \\
T(v_n) &= a_{1n}w_1 &+& a_{2n}w_2 &+& \cdots &+& a_{mn}w_m
\end{aligned}
$$

Denotaremos essa matriz por

$$
[T]_{B_W}^{B_V} =
\begin{bmatrix}
a_{11} & a_{12} & \cdots & a_{1n} \\
a_{21} & a_{22} & \cdots & a_{2n} \\
\cdot & \cdot & \cdots & \cdot \\
\cdot & \cdot & \cdots & \cdot \\
a_{m1} & a_{m2} & \cdots & a_{mn}
\end{bmatrix}.
$$

Transformações Lineares 135

Como está óbvia a matriz de uma transformção linear só pode ser definida e calculada quando são escolhidas as bases de V e W. E que esta matriz depende das bases escolhidas.

Exemplo 6.15. (1) Seja $T : \mathbb{R}^3 \to \mathbb{R}^2$ a transformação linear $T(x, y, z) = (x + y, y + z)$ sobre $\mathbb{R}$. Sejam

$$B = \{(1, 1, 1), (0, 2, 1), (-1, 2, 0)\}, \ \text{e} \ B' = \{(1, -1), (2, 1)\}$$

bases para $\mathbb{R}^3$ e $\mathbb{R}^2$ respectivamente. Nesse exemplo vamos achar a matriz de T nessas bases. Usando a definição precedente precisaremos fazer os seguintes cálculos:

$$
\begin{array}{lcllll}
T(1, 1, 1) & = & (2, 2) & = & a_{11}(1, -1) + a_{21}(2, 1) \\
T(0, 2, 1) & = & (2, 3) & = & a_{12}(1, -1) + a_{22}(2, 1) \\
T(-1, 2, 0) & = & (1, 2) & = & a_{13}(1, -1) + a_{23}(2, 1).
\end{array}
$$

Cada igualdade acima implica num sistema de duas equações e duas incógnitas. Por exemplo, a primeira igualdade implica no sistema

$$
\begin{cases}
\ \ \ a_{11} \ + \ 2a_{21} = 2 \\
-a_{11} \ + \ \ \ a_{21} = 2.
\end{cases}
$$

As soluções desse sistema são $a_{11} = -\frac{2}{3}$ e $a_{21} = \frac{4}{3}$. Similarmente teremos que $a_{12} = -\frac{4}{3}$ e $a_{22} = \frac{5}{3}$, $a_{13} = -1$, e $a_{23} = 1$. Portanto a matriz desejada é:

$$
A = [T]_{B'}^{B} = \begin{bmatrix} -\frac{2}{3} & -\frac{4}{3} & -1 \\[2mm] \frac{4}{3} & \frac{5}{3} & 1 \end{bmatrix}.
$$

(2) Vamos agora calcular a matriz A' da transformação linear R nas bases canônicas

$$C = \{(1, 0, 0), (0, 1, 0), (0, 0, 1)\} \ \text{e} \ C' = \{(1, 0), (0, 1)\}$$

136 Uma Introdução à Álgebra Linear

de $\mathbb{R}^3$ e $\mathbb{R}^2$ respectivamente. Com a mesma argumentação teremos que

$$A' = [T]_{C'}^C = \begin{bmatrix} 1 & 1 & 0 \\ 0 & 1 & 1 \end{bmatrix}.$$

Como está claro, as matrizes são diferentes.

Observação 1. Há uma diferença fundamental entre as duas matrizes do exemplo precedente. A matriz obtida no item (2) tem a seguinte propriedade

$$\begin{bmatrix} 1 & 1 & 0 \\ 0 & 1 & 1 \end{bmatrix} \begin{bmatrix} x \\ y \\ z \end{bmatrix} = \begin{bmatrix} x+y \\ y+z \end{bmatrix}.$$

Essa igualdade é exatamente a transformção T do exemplo anterior. Em outras palavras, ela pode ser vista como

$$T(x, y, z) = (x + y, y + z),$$

onde estamos identificando os vetores (x, y, z) e $(x + y, y + z)$ com as colunas $\begin{bmatrix} x \\ y \\ z \end{bmatrix}$ e $\begin{bmatrix} x+y \\ y+z \end{bmatrix}$ respectivamente. Mas, para a matriz obtida no item (1) do exemplo precedente essa propriedade não vale, pois no item (1) as bases não são canônicas.

Exemplo 6.16. Ache a transformação linear $T : \mathbb{R}^2 \to \mathbb{R}^2$ cuja matriz na base canônica de $\mathbb{R}^2$ é $A = \begin{bmatrix} 2 & -1 \\ 1 & 3 \end{bmatrix}$. Na verdade pela observação precedente e Definição 6.12 a transformação desejada será igual a

$$T(x, y) = {}^t\left(A\begin{bmatrix} x \\ y \end{bmatrix}\right)$$

$$= {}^t\begin{bmatrix} 2x - y \\ x + 3y \end{bmatrix}$$

$$= (2x - y, x + 3y).$$

Exemplo 6.17. Ache a transformação linear $T : \mathbb{R}^2 \to \mathbb{R}^2$ tal que nas bases

$$B = \{(1,1), (-1,0)\} \quad \text{e} \quad B' = \{(1,2), (2,1)\}$$

satisfaz: $T(1,1) = (1,2)$ e $T(-1,0) = (2,1)$. Para responder essa pergunta basta achar uma fórmula para $T(x,y)$. Para fazer isso vamos determinar os coeficientes de (x,y) na base B.

$$(x,y) = \alpha(1,1) + \beta(-1,0).$$

Essa igualdade implica um sistema de duas equações e duas incógnitas α, β. A solução do sistema será $\alpha = y$ e $\beta = y - x$. Logo

$$(x,y) = y(1,1) + (y - x)(-1,0).$$

Aplicando T a essa igualdade e usando o fato de que ela é linear teremos

$$\begin{aligned} T(x,y) &= yT(1,1) + (y - x)T(-1,0) \\ &= y(1,2) + (y - x)(2,1) \\ &= (y + 2y - 2x, 2y + y - x) \\ &= (3y - 2x, 3y - x). \end{aligned}$$

138 Uma Introdução à Álgebra Linear

6.2.1 Soma e produto

Nesta parte queremos definir a soma e produto das transformações lineares. Isso nos permite construir novas transformações lineares e responder várias perguntas importantes na álgebra das transformações.

Para definir a soma suponhamos que T e S são duas transformações lineares de V em W ambos os espaços vetoriais de dimensões finitas sobre F. Definiremos a **soma** de T e S denotada $T+S$ como sendo uma função $T + S : V \to W$ tal que:

$$(T + S)(v) = T(v) + S(v), \quad v \in V.$$

Similarmente podemos definir $S + T$, pois $S + T = T + S$. A seguir mostraremos que a soma $T + S$ é uma transformação linear.

Proposição 6.18. A função $T + S : V \to W$ é uma transformação linear sobre F.

Demonstração. Sejam $u, v \in V$ e $\alpha, \beta \in F$. O seguinte cálculo mostra que $T + S$ é uma transformação linear.

$$
\begin{aligned}
(T + S)(\alpha u + \beta v) &= T(\alpha u + \beta v) + S(\alpha u + \beta v) \\
&= \alpha T(u) + \beta T(v) + \alpha S(u) + \beta S(v) \\
&= \alpha(T(u) + S(u)) + \beta(T(v) + S(v)) \\
&= \alpha(T + S)(u) + \beta(T + S)(v).
\end{aligned}
$$

A demonstração está completa.

Para definir o produto que na verdade é a composição das funções consideremos três espaços vetoriais U, V e W e transformações lineares $T : U \to V$ e $S : Im(T) \to W$. Nesse caso a composição $S \circ T : U \to W$ é bem definida, e definida da seguinte forma:

$$(S \circ T)(u) = S(T(u)), \quad u \in U.$$

Transformações Lineares 139

Nós chamaremos $S \circ T$ de **produto** de S e T. O leitor deve observar que apesar de $S \circ T$ estar definida, mas em geral a composição $T \circ S$ não está definida. A seguir provaremos que $S \circ T$ é uma transformação linear.

Proposição 6.19. O produto $S \circ T : U \to W$ é uma transformação linear.

Demonstração. Sejam $u_1, u_2 \in U$ e $\alpha, \beta \in F$. O seguinte cálculo prova que $S \circ T$ é uma transformação linear.

$$
\begin{aligned}
S \circ T(\alpha u_1 + \beta u_2) &= S(T(\alpha u_1 + \beta u_2)) \\
&= S(\alpha T(u_1) + \beta T(u_2)) \\
&= \alpha S(T(u_1)) + \beta S(T(u_2)) \\
&= \alpha(S \circ T)(u_1) + \beta(S \circ T)(u_2).
\end{aligned}
$$

A demonstração está completa.

Quando existem três transformções lineares S, T e R tal que o produto $S \circ T \circ R$ está definida a seguinte propriedade associativa de produto é verdadeira

$$(S \circ T) \circ R = S \circ (T \circ R). \tag{6.3}$$

Um caso interessante ocorre quando os espaços vetoriais $U = V = W$ são todos iguais. Neste caso podemos anunciar a seguinte definição.

Definição 6.20. Um **operador linear** (ou um **operador**) sobre o corpo F é uma transformação linear $T : V \to V$ sobre F.

Proposição 6.21. Sejam $T : V \to V$ e $S : V \to V$ dois operadores sobre F, e B uma base de V. Então
(1) $[T + S]_B = [T]_B + [S]_B$.
(2) Se $T \circ S$ é bem definida temos que $[T \circ S]_B = [T]_B[S]_B$.

140 Uma Introdução à Álgebra Linear

Demonstração. Veja Exercício 12.

Definição 6.22. Dizemos que um operador O é **operador nulo** quando $O(v) = 0_V$ para todo vetor $v \in V$. Dizemos que um operador E é **operador identidade** quando $E(v) = v$ para todo $v \in V$.

6.2.2 Semelhaça e mudança da base

Nesta parte teremos mais um encontro com matrizes semelhantes. Essa vez veremos que na prática elas aparecem nos problemas de cálculo de matrizes de operadores num espaço vetorial de dimensão finita n. O problema é saber, como as duas matrizes de um operador

$$T : V \to V$$

em duas bases diferentes B e B' de V são relacionadas.

Exemplo 6.23. Seja $V = \mathbb{R}^2$. Considere as seguintes bases:

$$B = \{(2,0), (-1,1)\}, \quad B' = \{(1,2), (2,1)\}.$$

A matriz da mudança de base de B para B' é

$$S = \begin{bmatrix} \frac{3}{2} & \frac{3}{2} \\ 2 & 1 \end{bmatrix}$$

cujo determinante é $-\frac{3}{2}$ e a sua inversa é:

$$S^{-1} = \begin{bmatrix} -\frac{2}{3} & 1 \\ \frac{4}{3} & -1 \end{bmatrix}.$$

Seja $T : V \to V$ uma transformação linear definida pela

$$T((x,y)) = (x + y, 2x).$$

A matriz de T nas bases B e B' é:

$$[T]_B = \begin{bmatrix} 3 & -1 \\ 4 & -2 \end{bmatrix}, \quad [T]_{B'} = \begin{bmatrix} \frac{1}{3} & \frac{5}{3} \\ \frac{4}{3} & \frac{2}{3} \end{bmatrix}.$$

Transformações Lineares 141

Um cálculo simples mostra que elas são semelhantes e a matriz de similaridade delas é S. De fato, vale a seguinte:

$$S^{-1}[T]_B S = [T]_{B'}.$$

Uma forma geral desse exemplo é o seguinte teorema.

Teorema 6.24. Seja V um espaço vetorial de dimensão finita n e $B = \{v_1, \cdots, v_n\}$, $B' = \{v'_1, \cdots, v'_n\}$ bases para V. Seja S a matriz da mudança de base de B para B'. Se T é um operador de V então vale a seguinte semelhança de matrizes:

$$S^{-1}[T]_B S = [T]_{B'}.$$

Demonstração. Usaremos as seguintes notações:

$$T((v'_1, \cdots, v'_n)) = (v'_1, \cdots, v'_n)[T]_{B'}$$

quer dizer que a matriz de T na base B' é $[T]_{B'}$. Por outro lado, a mudança da base de B para B' é dada pela:

$$(v'_1, \cdots, v'_n) = (v_1, \cdots, v_n)P$$

com matriz P. O efeito de T mostra que

$$
\begin{aligned}
T((v'_1, \cdots, v'_n)) &= T((v_1, \cdots, v_n)P) \\
&= (v_1, \cdots, v_n)[T]_B P \\
&= (v'_1, \cdots, v'_n)P^{-1}[T]_B P.
\end{aligned}
$$

Comparação com a igualdade $T((v'_1, \cdots, v'_n)) = (v'_1, \cdots, v'_n)[T]_{B'}$ mostra que:

$$[T]_{B'} = P^{-1}[T]_B P.$$

Isso completa a demonstração.

142 Uma Introdução à Àlgebra Linear

6.3 Autovalores e Autovetores

Agora que temos um conhecimento básico sobre transformações lineares e matrizes, e que já sabemos a definição de autovalores e autovetores de matrizes, podemos então definir a noção de autovalor e autovetor de operadores $T : V \to V$ sobre F.

Definição 6.25. Um **autovalor** para um operador $T : V \to V$ sobre F é um número complexo λ tal que para um vetor não nulo $v \in V$ vale a igualdade

$$T(v) = \lambda v, \quad v \neq 0. \tag{6.4}$$

Neste caso v é chamado **autovetor de** T associado a λ. O conjunto de todos os vetores $v \neq 0$ que satisfazem a identidade (6.4) é o **auto-espaço de** λ .

Observamos que nesta definição λ pode ser real ou complexo, e que estamos considerando todos os números como complexos.

Proposição 6.26. Se $\lambda_1 \neq \lambda_2$ são dois autovalores de T então os autovetores associados v_1, v_2 são linearmente independentes.

Demonstração. Considere a combinação linear $\alpha_1 v_1 + \alpha_2 v_2 = 0_V$ e a soma de operadores T e $-\lambda_1 E$. Aplicando esse operador a essa combinação linear teremos

$$(T - \lambda_1 E)(\alpha_1 v_1 + \alpha_2 v_2) = (T - \lambda_1 E)(0_V) = 0_V.$$

O lado esquerdo da igualdade acima é igual a

$$T(\alpha_1 v_1) + T(\alpha_2 v_2) - \lambda_1 \alpha_1 v_1 - \lambda_1 \alpha_2 v_2 = 0_V$$

Usando a definição de autovalor (Definição 6.25) o lado esquerdo pode ser escrito na seguinte forma

$$\alpha_1 \lambda_1 v_1 + \alpha_2 \lambda_2 v_2 - \lambda_1 \alpha_1 v_1 - \lambda_1 \alpha_2 v_2 = 0_V.$$

Ou igualmente
$$\alpha_2(\lambda_1 - \lambda_2)v = 0_V.$$

Mas $\lambda_1 - \lambda_2 \neq 0$ e $v \neq 0$. Então $\alpha_2 = 0$. Como conseqüência desse temos que $\alpha_1 = 0$. Isso completa a demonstração.

Exemplo 6.27. Nesse exemplo queremos determinar os autovalores e autovetores reais do operador $T : \mathbb{R}^3 \to \mathbb{R}^3$ definido pelo
$$T(x, y, z) = (z, y, x).$$

Pela definição devemos achar $\lambda \in \mathbb{R}$ tal que $T(v) = \lambda v$ para algum $v = (x, y, z) \neq (0, 0, 0)$. Portanto temos que resolver a equação $T(x, y, z) = \lambda(x, y, z)$. Por outro lado $T(x, y, z) = (z, y, x)$. Então temos que resolver a equação
$$\lambda(x, y, z) = (z, y, x).$$

Essa equação pode ser escrita na forma seguinte:
$$\begin{cases} \lambda x = z \\ \lambda y = y \\ \lambda z = x. \end{cases} \tag{6.5}$$

É claro que $\lambda \neq 0$, pois caso contário $x = y = z = 0$. Isso é impossível, pois $v \neq 0$. Se $y \neq 0$, a segunda equação do sistema (6.5) nos mostra que $\lambda = 1$. Se $x \neq 0$, então $z \neq 0$. Usando a primeira e terceira equação do (6.5) teremos que $\lambda^2 z = z$. Portanto, quando $x \neq 0$ temos que $\lambda^2 = 1$. Logo, temos as seguintes possibilidades para os autovalores de T
$$\{1, \ 1, \ -1\}.$$

Agora, vamos determinar os autovetores. Se $\lambda = 1$ o seu autovetor associado v é solução do sistema $T(v) = v$. Nesse caso o sistema

144 Uma Introdução à Álgebra Linear

(6.5) será escrito na forma seguinte:

$$\begin{cases} x = z \\ y = y \\ z = x. \end{cases}$$

Portanto a solução geral do sistema é $v = (x, y, x)$. Isso também representa que o auto-espaço de $\lambda = 1$ é o conjunto $\{(x, y, x) \mid x, y \neq 0, x, y \in \mathbb{R}\}$. Nós vamos escolher um certo vetor $v_1 = (1, 2, 1)$ desse conjunto e chamaremos isso de autovetor associado a $\lambda = 1$. Mas o autovalor $\lambda = 1$ aparece duas vezes no conjunto dos autovalores de T (isso quer dizer que o autovalor $\lambda = 1$ tem multiplicidade 2). Vamos agora escolher $v_2 = (1, 0, 1)$ como autovetor associado ao segundo autovalor ($\lambda = 1$ de novo). No caso $\lambda = -1$ que é o terceiro autovalor de T o sistema (6.5) será igual ao seguinte:

$$\begin{cases} -x = z \\ -y = y \\ -z = x. \end{cases}$$

Logo, pela segunda equação temos que $y = 0$. Então a solução geral é da forma $v = (x, 0, -x)$ que também implica que o auto-espaço de $\lambda = -1$ é o conjunto $\{(x, 0, -x) \mid x \neq 0, x \in \mathbb{R}\}$. Neste caso escolheremos $v_3 = (1, 0, -1)$ como o autovetor associado a $\lambda = -1$.

Na prática não está sendo usado esse método para calcular autovalores e autovetores. É usado o polinômio característico.

6.3.1 Polinômio característico e mínimo

Suponha que (V, F) é um espaço vetorial de dimensão finita e $T : V \to V$ é um operador sobre F. Seja B uma base para V e $[T]_B$ a matriz de T nessa base. Agora considere o operador

$$xE - T : V \to V,$$

onde $x \in F$ e E é o operador identidade (relembre que $E(v) = v$ para todo $v \in V$). Mas, pela Proposição 6.21 temos que

$$
\begin{aligned}
[xE - T]_B &= [xE]_B - [T]_B \\
&= [xE]_B - [T]_B \\
&= xI - [T]_B \quad \text{pelo Exercício 9.}
\end{aligned}
$$

Agora, vamos escolher outra base B' de V. Para essa base temos que

$$
\begin{aligned}
[xE - T]_{B'} &= [xE]_{B'} - [T]_{B'} \\
&= [xE]_{B'} - [T]_{B'} \\
&= xI - [T]_{B'} \quad \text{pelo Exercício 9.}
\end{aligned}
$$

Mas, se P denota a matriz de mudança da base de B para B' então temos que

$$
[xE - T]_{B'} = P^{-1}[xE - T]_B P.
$$

Logo, está claro que as matrizes $[xE - T]_{B'}$ e $[xE - T]_B$ são semelhantes (veja Teorema 6.24). Por outro lado pelo Teorema 3.19 sabemos que as matrizes semelhantes têm o mesmo polinômio característico. Portanto, podemos anunciar a seguinte definição.

Definição 6.28. O **polinômio característico de** T é o polinômio característico da matriz $[T]_B$ em qualquer base B de V.

Pela discussão acima, essa definição faz sentido, pois nas bases diferentes as matizes de T são semelhantes e então têm o mesmo polinômio característico.

Proposição 6.29. Os autovalores de T são as raízes do polinômio característico de T.

Demonstração. Seja $\lambda \in F$ um autovalor de T. Então existe um vetor não nulo $v \in V$ tal que $T(v) = \lambda v$. Mas $\lambda v = \lambda E(v)$. Logo, $\lambda E(v) - T(v) = (\lambda E - T)(v) = 0$ é o operador nulo. Agora, seja B uma base para V. Então $[\lambda E - T]_B = \lambda I - [T]_B = 0$ é a matriz nula. Portanto $P_T(\lambda) = det(\lambda I - [T]_B) = 0$. Portanto λ é

146 Uma Introdução à Álgebra Linear

uma raiz de $P_T(x)$. Reciprocamente pode- se mostrar que qualquer raiz do polinômio característico é um autovalor. isso completa a demonstração.

O leitor deve observar que quando V é o espaço F^n é melhor escolher a base canônica de F^n para calcular a matriz de T. Por exemplo, suponha que T é a transformação linear do exemplo precedente. Considere a base canônica $B = \{(1,0,0),(0,1,0),(0,0,1)\}$ de $\mathbb{R}^3$. Nessa base a matriz de T é $[T]_B = \begin{bmatrix} 0 & 0 & 1 \\ 0 & 1 & 0 \\ 1 & 0 & 0 \end{bmatrix}$ que é uma matriz antidiagonal. E o polinômio característico de T é $P_T(x) = (x-1)(x^2-1)$. Isso justifica o nosso cálculo de autovalores do exemplo precedente, pois as raízes de $P_T(x)$ são $1, 1, -1$.

Agora é fácil definir os conceitos como polinômio mínimo e diagonalização para operadores. Para tudo isso usaremos as definições já conhecidas para matrizes.

O **polinômio mínimo** de um operador $T : V \to V$ é o polinômio mínimo da matriz $[T]_B$ em qualquer base B de V. E esse operador é **diagonalizável** se, e somente se, a matriz $[T]_B$ é diagonalizável. Equivalentemente o seguinte resultado pode ser usado como definição.

Teorema 6.30. Um operador $T : V \to V$ é diagonalizável se, e somente se, os autovetores de T formam uma base para V.

Demonstração. Isso é uma conseqüência imediata do Teorema 3.23.

O leitor pode se perguntar onde e como foi usado o polinômio mínimo nesse livro. Na verdade, o conceito dos polinîmios mínimos não foi usado em nenhum lugar, mas o seguinte resultado, cuja demonstração não será dada nesse livro, mostra o poder e importância do polinômio mínimo de matrizes e operadores.

Teorema 6.31. Seja (V, F) um espaço vetorial de dimensão finita

Transformações Lineares 147

n e $T : V \to V$ um operador. Então T é diagonalizável se, e somente se, o seu polinômio mínimo pode ser escrito como produto de fatores lineares distintos. Em outras palavras, se, e somente se, o polinômio mínimo de T tem a seguinte forma

$$m_T(x) = (x - \lambda_1)(x - \lambda_2) \cdots (x - \lambda_k),$$

onde $k \leq n$, e $\lambda_i \neq \lambda_j$ para todo $i, j = 1, 2, \cdots, k$.

Exemplo 6.32. Seja $T : \mathbb{R}^3 \to \mathbb{R}^3$ o operador definido pelo $T(x, y, z) = (z, y, x)$. Então pelo Exemplo 6.27, T é diagonalizável, pois os autovetores de T são linearmente independentes e então formam uma base para $\mathbb{R}^3$ pois são tês vetores distintos. Por outro lado o polinômio mínimo de T é $m_T(x) = (x - 1)(x + 1)$. Também poderíamos ter usado o teorema precedente para notar que T é diagonalizável, pois o polinômio mínimo de T é produto de fatores lineares distintos.

Exemplo 6.33. Nesse exemplo vamos achar os autovalores de $T : \mathbb{C}^2 \to \mathbb{C}^2$ dado pelo $T(x, y) = (x + y, x)$ e verificar se ele é um operador diagonalizável. Na base canônica $B = \{(1, 0), (0, 1)\}$ de $\mathbb{C}^2$ a matriz do T é igual a $[T]_B = \begin{bmatrix} 1 & 1 \\ 1 & 0 \end{bmatrix}$ e o seu polinômio característico é $P_T(x) = x^2 - x - 1$. As raízes desse polinômio são os autovalores de T e são $\frac{1 \pm \sqrt{5}}{2}$. O polinômio mínimo de T é igual a $P_T(x)$ que pode ser escrito como $m_T(x) = (x - \frac{1+\sqrt{5}}{2})(x - \frac{1-\sqrt{5}}{2})$. Ele é produto de fatores lineares distintos, portanto T é diagonalizável.

Outra forma de provar que T é diagonalizável é usar o Teorema 6.30. Observe que pela Proposição 6.26 os autovetores de T são linearmente independentes, portanto eles formam uma base para $\mathbb{C}^2$. Então pelo Teorema 6.30 esse operador é diagonalizável sobre $\mathbb{C}$ e também sobre $\mathbb{R}$.

148 Uma Introdução à Álgebra Linear

6.4 Teoria espectral

A palavra *espectra*, ou *espectrum* são as palavras que entraram na matemática pela física. Os primeiros exemplos dessas são a decomposição de luz quando passa por um prisma. Neste sentido por exemplo a luz do sol é decomposta em todas as luzes que a formam. Na geometria e análise essas palavras são usadas para decomposição de um espaço quando um operador age neles. Como no caso de operador conhecido em nome de Laplace-Beltrami. Na formulação mais abstrata na álgebra linear teoremas espectrais referem a decomposição de um espaço vetorial nos certos subespaços que são invariáveis pela ação de um operador. Portanto, nos estudos espectrais pelo menos precisa-se de dois dados; um espaço vetorial V e um operador T em V.

Definição 6.34. Seja (V, F) um espaço vetorial e T um operador de V em V. Um **subespaço invariável** de V para T é um subespaço vetorial W de V tal que

$$T(W) \subseteq W.$$

Na teoria espectral para espaços vetoriais e um dado operador, o problema é de decompor o espaço vetorial como soma direta de subespaços invariáveis. Um exemplo desse é o seguinte.

Seja λ um autovalor de T. Definimos o **auto-espaço** de λ como:

$$V_\lambda = \{v \in V \mid T(v) = \lambda v\}.$$

Esse é o conjunto de autovetores de T associados a autovalor λ. Temos que:

1) Se $v_1, v_2 \in V_\lambda$, então, $v_1 + v_2 \in V_\lambda$;
2) se $v \in V_\lambda$ e $\alpha \in F$, então, $\alpha v \in V_\lambda$.

Transformações Lineares 149

Portanto, V_λ é um subespaço vetorial de V. Por outro lado, ele é invariável para T.

Lema 6.35. Os V_λ são invariáveis para o operador T.

Demonstração. Devemos mostrar que $T(V_\lambda) \subseteq V_\lambda$. Seja $y \in T(V_\lambda)$. Então $y = T(v)$ para algum $v \in V_\lambda$. Temos que provar $T(y) = \lambda y$. Mas

$$T(y) = T(T(v)) = T(\lambda v) = \lambda T(v) = \lambda y.$$

A demonstração está completa.

Lema 6.36. Existe a seguinte decomposição espectral para um espaço vetorial V sobre F de dimensão n e o operador T. Se T tiver n autovalores

$$V = \bigoplus_\lambda V_\lambda,$$

onde a soma direta varia sobre todos os autovalores de T.

Demonstração. Os autovetores associados aos autovalores diferentes são linearmente independentes, e neste caso formam uma base para V. Cada vetor v de V pode ser escrito como uma combinação linear dos autovetores, de uma única forma. Isso prova que a soma é direta também.

O lema precedente é um exemplo de decomposição espectral de V a respeito de um operador T. Exemplo como esse mostra também que T é diagonalizável. Exemplos de decomposção espectrais podem ser construídos onde diferentes resultados serão obtidos. Um caso importante é aplicação de teoria espectral no estudo de representação de grupos, e mais ainda quando o espaço vetorial em questão é um espaço de Hilbert, que neste caso não haverá matrizes, pois a dimensão é infinita.

150 Uma Introdução à Álgebra Linear

6.5   Exercícios

(1) Suponha que (V, F) é um espaço vetorial de dimensão finita e $T : V \to V$ um operador sobre F. Mostre que T é injetora se, e somente se, T é sobrejetora.

   Sugestão: use a identidade (6.2).

(2) Ache a matriz da transformação linear $T : \mathbb{R}^3 \to \mathbb{R}^2$ onde $T(x, y, z) = (2x - z, x + 3y)$ nas bases $B = \{(1, 2, 3), (1, -1, 0), (0, 2, 4)\}$ de $\mathbb{R}^3$ e $B' = \{(1, 2), (2, 1)\}$ de $\mathbb{R}^2$.

(3) Escolha uma base para $M_2(\mathbb{R})$ e outra para $M_3(\mathbb{R})$ e ache a matriz da transformação linear $T : M_2(\mathbb{R}) \to M_3(\mathbb{R})$ onde

$$T\left(\begin{bmatrix} x & y \\ z & t \end{bmatrix}\right) = \begin{bmatrix} x & z & y \\ z & x & t \\ t & y & x \end{bmatrix}.$$

(4) Dê uma demonstração para identidade (6.3).

(5) Seja $T : V \to V$ é um operador sobre F. Suponha que T é sobrejetora. Mostre que para quaisquer inteiro positivo k a função

$$T^k = T \circ T \circ \cdots \circ T$$

formado pelo produto de T com si mesmo k vezes, é um operador de V em V.

(6) Com os dados do exercício precedente mostre que

$$N(T^2) \subseteq N(T).$$

(7) Com os dados do Exercício 6 mostre que em geral

$$N(T^k) \subseteq N(T^{k-1}) \subseteq \cdots \subseteq N(T).$$

Transformações Lineares 151

(8) Ache a interseção dos planos $x + y + z = 0$ e $x - y - z = 0$.

(9) Ache as retas da intereseção do plano $5x + y - 4z = 0$ com os planos $x = 0$, $y = 0$ e $z = 0$ cada um separadamente.

(10) Seja (V, F) um espaço vetorial e λ um autovalor de operador $T : V \to V$. Mostre que o auto-espaço associado a autovalor λ é um subespaço vetorial de V sobre F.

(11) Mostre que a matriz do operador identidade $E : V \to V$ em quaisquer base de V é a matriz identidade.

(12) Dê uma demonstração para Proposição 6.21.

(13) Seja $\mathcal{P}_4(x)$ o espaço vetorial dos polinômios de grau no máximo 4. Definiremos o operador

$$T : \mathcal{P}_4(x) \to \mathcal{P}_4(x)$$

pela fórmula

$$T(ax^4 + bx^3 + cx^2 + dx + e) = ax^4 + e.$$

Determinar o núcleo e a imagem de T. Achar base para o núcleo e a imagem, calcular as dimensões e verificar a identidade (6.2).

(14) Ache a transformação linear $T : \mathbb{R}^3 \to \mathbb{R}^3$ tal que:

$$T(1, 1, 1) = (0, 1, 2), \ T(-1, 0, 1) = (2, 1, 0), \ T(0, 1, 0) = (3, 0, 1).$$

Dizemos que um operador não nulo T é **nilpotente** se, e somente se, $T^k = O$ (veja Exercício 5). Se k é o menor inteiro positivo tal que $T^k = O$, então T é nilpotente de **nível** k.

(15) Mostre que se $T : V \to V$ é nilpotente então a sua matriz $[T]$ em qualquer base é uma matriz nilpotente. Ela é nilpotente de nível k se, e somente se, $[T]$ é nilpotente de nível k.

152 Uma Introdução à Àlgebra Linear

Um operador não nulo T é **idempotente** se, e somente se,

$$T^2 = T.$$

(16) Mostre que a matriz de um operador idempotente T de um espaço vetorial V em qualquer base de V é idempotente.

(17) Mostre que os autovalores de um operador nilpotente são todos nulos.

(18) Mostre que os autovalores de um operador idempotente são zero ou 1.

(19) Mostre que soma de dois subespaços invariáveis é um subespaço invariável.

(20) Mostre que se $\alpha \in F$ e W um subespaço invariável de um espaço vetorial V para um operador T, então

$$\alpha W = \{\alpha w \mid w \text{ varia em todo } F\}$$

é um subespaço invariável para T.

Capítulo 7

Sistemas Lineares de Equações

Para conseguirmos realizar um estudo concreto sobre os sistemas lineares de equações e suas soluções devemos definir posto de matrizes.

Em geral se $A = (a_{ij})$ é uma matriz, as **submatrizes** de A são matrizes cujas entradas são as entradas de A as entradas de cada coluna de submatriz são as entradas de única coluna de A que contém ela, e as entradas de cada linha de submatriz são as entradas de única linha de A que contém ela. Neste caso se A' é uma submatriz de A escrevemos $A' \subseteq A$, e também podemos dizer que A contém A'.

7.1 Posto

Posto de uma matriz é um número natural ou zero que representa número de linhas (ou colunas) independentes. A importância de calcular posto de uma matriz é muito evidente para resolução de sistemas lineares, pois pode ser verificada se um sistema linear de

154 Uma Introdução à Àlgebra Linear

m equações e n incógnitas tem de fato m equações ou menos. Isso é importante para detectar se o sistema tem infinitas soluções ou não, ou se tem exatamente uma solução ou nada. Para iniciar essa seção suponha que A uma matriz $m \times n$.

Definição 7.1. Dizemos que o **posto** de A é o número inteiro não negativo k se existir uma submatriz menor $A' \in M_k(A)$ de A tal que $det A' \neq 0$, e que $det A'' = 0$ para qualquer submatriz menor A'' de $M_{k+1}(F)$ que contém A'. Quando o posto de A é k geralmente escrevemos

$$posto(A) = k.$$

Por exemplo, se $A = \begin{bmatrix} 2 & 4 \\ 6 & 12 \end{bmatrix}$, $posto(A) = 1$. Neste caso somente as submatrizes 1×1 menor de A têm determinante não nulo, e a submatriz 2×2 (que é A) tem determinante nulo. E o posto de

$A = \begin{bmatrix} 1 & 0 & 1 \\ 0 & 0 & 1 \\ -1 & 0 & 1 \end{bmatrix}$ é 2. Neste caso $det(A) = 0$, mas $det \begin{bmatrix} 1 & 1 \\ -1 & 1 \end{bmatrix}$ $\neq 0$.

Agora, considere o seguinte sistema linear de m equações e n incógnitas $x_1, \cdots, x_n$.

$$\begin{cases} a_{11}x_1 & + & a_{12}x_2 & + & \cdots & + & a_{1n}x_n & = & b_1 \\ a_{21}x_1 & + & a_{22}x_2 & + & \cdots & + & a_{2n}x_n & = & b_2 \\ \cdot & + & \cdot & + & \cdots & + & \cdot & = & \cdot \\ \cdot & + & \cdot & + & \cdots & + & \cdot & = & \cdot \\ a_{m1}x_1 & + & a_{m2}x_2 & + & \cdots & + & a_{mn}x_n & = & b_m. \end{cases} \quad (7.1)$$

Seja A a matriz de coeficientes $A = (a_{ij})$ e B a matriz de constantes $b_1, \cdots, b_m$. Denotando por $X = {}^t[x_1 \ x_2 \ \cdots \ x_n]$ a coluna das incógnitas o sistema (7.1) pode ser escrito na seguinte forma matricial

$$AX = B. \quad (7.2)$$

Sistemas Lineares de Equações 155

Veja também a igualdade (1.6) do Capítulo 1.

7.1.1 O sistema homogêneo

Quando a coluna das constantes é zero o sistema (7.1) é chamado de **sistema homogêneo**. Nesse caso a identidade (7.2) será escrita na forma seguinte:

$$AX = 0. \tag{7.3}$$

Suponhamos agora que $posto(A) = k$. Então pela definição de posto existe uma submatriz menor

$$A' = \begin{bmatrix} a_{11} & a_{12} & \cdots & a_{1k} \\ a_{21} & a_{22} & \cdots & a_{2k} \\ \cdot & \cdot & \cdots & \cdot \\ \cdot & \cdot & \cdots & \cdot \\ a_{k1} & a_{k2} & \cdots & a_{kk} \end{bmatrix}$$

tal que $detA' \neq 0$ e que $detA'' = 0$ para qualquer submatriz menor A'' de A que contém A'. Neste caso as colunas (respectivamente linhas) de A' são linearmente independentes. Agora, reagrupamos as entradas de A e escrevemos as k equações do sistema (7.1) na seguinte forma

$$\begin{cases} a_{11}x_1 & + & \cdots & + & a_{1k}x_k & = & -a_{1k+1}x_{k+1} & - & \cdots & - & a_{1n}x_n \\ a_{21}x_1 & + & \cdots & + & a_{2k}x_k & = & -a_{2k+1}x_{k+1} & - & \cdots & - & a_{2n}x_n \\ \cdot & + & \cdots & + & \cdot & = & \cdot & - & \cdots & - & \cdot \\ \cdot & + & \cdots & + & \cdot & = & \cdot & - & \cdots & - & \cdot \\ a_{k1}x_1 & + & \cdots & + & a_{kk}x_k & = & -a_{kk+1}x_{k+1} & - & \cdots & - & a_{kn}x_n. \end{cases} \tag{7.4}$$

Substituindo números para incógnitas $x_{k+1}, \cdots x_n$ o sistema acima pode ser escrito na forma seguinte:

$$A'X = B'. \tag{7.5}$$

156 Uma Introdução à Àlgebra Linear

Mas A' é inversível, então $X = A'^{-1}B'$. Isso nos dará as soluções do sistema homogêneo (7.3).

O leitor deve observar que um exemplo importante de sistema homgêneo é o sistema que nós usamos para achar os autovetores de uma matriz.

7.1.2 Sistema geral

Voltamos de novo para o sistema (7.1). O nosso problema é saber quando esse sistema tem solução. Com os dados acima mencionados podemos escrever o sistema (7.1) na seguinte forma

$$x_1 A_1 + x_2 A_2 + \cdots + x_n A_n = B, \qquad (7.6)$$

onde $A_1, \cdots, A_n$, são as i-ésimas ($i = 1, 2, \cdots, n$) colunas de A. Portanto, para que o sistema (7.1) tenha solução é necessário e suficiente que o vetor coluna de constantes B esteja no subespaço gerado por vetores (colunas) $A_1, A_2, \cdots, A_n$. Denotando esse subespaço por $C(A_1, \cdots, A_n)$ teremos o resultado seguinte:

Definição 7.2. O sistema (7.6) tem solução se, e somente se,

$$B \in C(A_1, \cdots, A_n).$$

Demonstração. Isso é óbvio considerando a identidade (7.6).

Corolário 7.3. O sistema (7.1) tem solução se e somente se

$$B \in C(A_1, \cdots, A_n) \Leftrightarrow dimC(A_1, \cdots, A_n) = dimC(A_1, \cdots, A_n, B),$$

onde $C(A_1, \cdots, A_n, B)$ é o subespaço gerado por $A_1, \cdots, A_n, B$.

Para analisar os sistemas lineares de equações e para resolve-los a seguinte observação sobre a não anulidade de determinante é fundamental.

Observação 2. Seja A uma matriz em $M_n(N)$ cuja determinante

Sistemas Lineares de Equações 157

é não nulo. Então pelas propriedades do determinate do Capítulo 2, o determinante de A permanente não nulo após as seguintes operações sobre A:

(1) Mudança das colunas (respectivamente linhas) de A.

(2) Multiplicar uma coluna (respectivamente uma linha) por um escalar não nulo.

(3) Adicionar a uma coluna (respectivamente linha) uma combinação linear das outras colunas (respectivamente linhas).

Com essas operações a nova matriz obtida também terá determinante não nulo.

Particularmente essa observação mostra que o posto de A não mudará com as operações (1), (2), e (3). Essa observação é fundamental para uma maneira prática de resolver um sistema linear como veremos na última parte desse capítulo.

A seguir anunciaremos o teorema que mostra a relação entre o posto e a existência de solução num sistema linear. A demonstração desse teorema é uma conseqüência da Observação 2 e a definição do posto.

Voltando para o sistema (7.1) vamos definir a matriz

$$[A; B] = \begin{bmatrix} a_{11} & \cdots & a_{1n} & b_1 \\ a_{21} & \cdots & a_{2n} & b_2 \\ \cdot & \cdots & \cdot & \cdot \\ \cdot & \cdots & \cdot & \cdot \\ a_{m1} & \cdots & a_{mn} & b_m \end{bmatrix}.$$

Teorema (posto-sistema) 7.4. O sistema (7.1) tem solução se, e somente se,

$$posto([A; B]) = posto(A).$$

Para resolver o sistema (7.1) no caso em que

$$posto(A) = k = posto([A; B])$$

158 Uma Introdução à Àlgebra Linear

procuraremos a submatriz menor

$$A' = \begin{bmatrix} a_{11} & a_{12} & \cdots & a_{1k} \\ a_{21} & a_{22} & \cdots & a_{2k} \\ \cdot & \cdot & \cdots & \cdot \\ \cdot & \cdot & \cdots & \cdot \\ a_{k1} & a_{k2} & \cdots & a_{kk} \end{bmatrix}$$

com $det A' \neq 0$ e $det A'' = 0$ para quaisquer submatriz menor A'' de A que coném A. Exatamente da mesma forma que fizemos no caso de sistema homogêneo. E determinar o seguinte sistema da mesma forma do sistema (7.4)

$$\begin{cases} a_{11}x_1 & + & \cdots & + & a_{1k}x_k & = & -a_{1k+1}x_{k+1} & - & \cdots & - & a_{1n}x_n + b_1 \\ a_{21}x_1 & + & \cdots & + & a_{2k}x_k & = & -a_{2k+1}x_{k+1} & - & \cdots & - & a_{2n}x_n + b_2 \\ \cdot & + & \cdots & + & \cdot & = & \cdot & - & \cdots & - & \cdot \\ \cdot & + & \cdots & + & \cdot & = & \cdot & - & \cdots & - & \cdot \\ a_{k1}x_1 & + & \cdots & + & a_{kk}x_k & = & -a_{kk+1}x_{k+1} & - & \cdots & - & a_{kn}x_n + b_k. \end{cases}$$
$$(7.7)$$

Substituindo números para incógnitas $x_{k+1}, \cdots, x_n$ o sistema acima pode ser escrito na forma

$$A'X = B'. \tag{7.8}$$

Mas A' é inversível, então $X = A'^{-1}B'$. Isso nos dará as soluções do sistema geral (7.1).

Uma pergunta que devemos elaborar é sobre a relação entre o sistema geral (7.1) e um sistema homgêneo. O **sistema homogêneo associado a um sistema geral** é o sistema seguinte, obtido através de assumir que $b_1 = \cdots = b_m = 0$, ou seja,

$$\begin{cases} a_{11}x_1 & + & a_{12}x_2 & + & \cdots & + & a_{1n}x_n & = & 0 \\ a_{21}x_1 & + & a_{22}x_2 & + & \cdots & + & a_{2n}x_n & = & 0 \\ \cdot & + & \cdot & + & \cdots & + & \cdot & = & 0 \\ \cdot & + & \cdot & + & \cdots & + & \cdot & = & 0 \\ a_{m1}x_1 & + & a_{m2}x_2 & + & \cdots & + & a_{mn}x_n & = & 0. \end{cases} \tag{7.9}$$

Sistemas Lineares de Equações 159

Encontraremos com a nossa resposta no teorema seguinte:

Teorema 7.5. A solução geral X do sistema (7.1) é a soma de uma das soluções do sistema geral (7.1) com a solução geral do sistema homogêneo (7.9).

Demonstração. Seja X_0 uma solução de (7.1) e X_1 qualquer solução de (7.9) (solução geral). Então $AX_0 = B$ e $AX_1 = 0$. Agora, $A(X_0 + X_1) = AX_0 + AX_1 = B + 0 = B$. Logo, $X_0 + X_1$ é também uma solução de (7.1). Quando X_1 varia sobre todas as soluções de (7.9) a soma $X_0 + X_1$ dará todas a soluções de (7.1). Isso completa a demonstração.

Exemplo 7.6. Considere o seguinte sistema de 3 equações e 4 incógnitas

$$\begin{cases} 2x_1 & + & x_2 & - & x_3 & + & x_4 & = & 1 \\ x_1 & - & x_2 & + & 2x_3 & - & x_4 & = & -1 \\ x_1 & & & + & 3x_3 & - & 4x_4 & = & 4 \end{cases} \qquad (7.10)$$

A matriz de coeficientes desse sistema é

$$A = \begin{bmatrix} 2 & 1 & -1 & 1 \\ 1 & -1 & 2 & -1 \\ 1 & 0 & 3 & -4 \end{bmatrix}$$

cuja posto é 3, pois $det \begin{bmatrix} 2 & 1 & -1 \\ 1 & -1 & 2 \\ 1 & 0 & 3 \end{bmatrix} = -8 \neq 0$. E a matriz de constantes é $B = {}^t[1 \;-1\; 4]$. Agora,

$$[A; B] = \begin{bmatrix} 2 & 1 & -1 & 1 & 1 \\ 1 & -1 & 2 & -1 & -1 \\ 1 & 0 & 3 & -4 & 4 \end{bmatrix}.$$

E $posto([A; B]) = posto(A) = 3$. Portanto, pelo Teorema 7.4 o sistema (7.10) tem solução. Agora, de acordo com o sistema (7.4)

160 Uma Introdução à Àlgebra Linear

podemos escrever

$$\begin{cases} 2x_1 & + & x_2 & - & x_3 & = & 1 - x_4 \\ x_1 & - & x_2 & + & 2x_3 & = & -1 + x_4 \\ x_1 & & & + & 3x_3 & = & 4 + 4x_4 \end{cases}$$

Somando a primeira e a segunda equação chegaremos ao novo sistema

$$\begin{cases} 3x_1 & + & x_3 & = & 0 \\ x_1 & + & 3x_3 & = & 4 + 4x_4 \end{cases}$$

Portanto $x_1 = -\frac{1}{2}(1 + x_4)$, $x_2 = \frac{1}{2}(7 + 3x_4)$ e $x_3 = \frac{3}{2}(1 + x_4)$. variando x_4 em todos os números, teremos infinitas soluções para o sistema (7.10).

Exemplo 7.7. Se queríamos aplicar o Teorema 7.5 ao sistema (7.10) bastava resolver o sistema homogêneo associado a (7.10). O sistema homogêneo associado é

$$\begin{cases} 2x_1 & + & x_2 & - & x_3 & + & x_4 & = & 0 \\ x_1 & - & x_2 & + & 2x_3 & - & x_4 & = & 0 \\ x_1 & & & + & 3x_3 & - & 4x_4 & = & 0 \end{cases}$$

cuja solução geral é

$$x_1 = -\frac{1}{2}x_4, \ x_2 = \frac{3}{2}x_4, \ x_3 = \frac{3}{2}x_4$$

e uma solução do sistema (7.10) é

$$x_1 = -1, \ x_2 = 5, \ x_3 = 3, x_4 = 1$$

obtida após colocar $x_4 = 1$ no sistema (7.10). Então o Teorema 7.5 mostra que a solução geral do (7.10) é

$$\begin{bmatrix} x_1 \\ x_2 \\ x_3 \\ x_4 \end{bmatrix} = \begin{bmatrix} -1 \\ 5 \\ 3 \\ 1 \end{bmatrix} + \begin{bmatrix} -\frac{1}{2}x_4 \\ \frac{3}{2}x_4 \\ \frac{3}{2}x_4 \\ x_4 \end{bmatrix} = \begin{bmatrix} -1 & - & \frac{1}{2}x_4 \\ 5 & + & \frac{3}{2}x_4 \\ 3 & + & \frac{3}{2}x_4 \\ 1 & + & x_4 \end{bmatrix}.$$

Sistemas Lineares de Equações 161

Exemplo 7.8. Considere o seguinte sistema de 3 equações e 2 incógintas

$$\begin{cases} x_1 + x_2 = 5 \\ -x_1 + x_2 = 4 \\ 2x_1 + 2x_2 = 4 \end{cases} \tag{7.11}$$

A matriz de coeficientes do sistema (7.11) é $\begin{bmatrix} 1 & 1 \\ -1 & 1 \\ 2 & 2 \end{bmatrix}$ cujo posto

é 2. E o posto da matriz $[A; B] = \begin{bmatrix} 1 & 1 & 5 \\ -1 & 1 & 4 \\ 2 & 2 & 4 \end{bmatrix}$ é 3. Portanto pelo

Teorema 7.4 o sistema não tem solução.

7.2 O método de redução

Possivelmente o seguinte método não é uma novidade para o leitor, pois esse método pode ser encontrado no ensino médio. Por esse método podemos resolver sistemas lineares de equações e também calcular a inversa das matrizes. Esse método está baseado na Observação 2, e chamado de **método de redução** que também é conhecido como **método eliminatório de Gauss**. A idéia é simplesmente fazer as operações (1), (2) e (3) da Observação 2 e transformar a matriz A dentro da matriz $[A; B]$ a uma matriz da seguinte forma

$$\begin{bmatrix} 1 & * & \cdots & * & 0 & * & \cdots & * & 0 & * & \cdots & * & 0 & \cdots \\ & & & 1 & * & \cdots & * & 0 & * & \cdots & * & 0 & \cdots \\ & & & & & & 1 & * & \cdots & * & 0 & \cdots \\ & & & & & & & & 1 & \cdots \\ & & & & & & & & & \cdots \end{bmatrix} \tag{7.12}$$

chamada a **matriz reduzida** ou **matriz linha reduzida**. Assim é fácil determinar as incógnitas do sistema como veremos no exemplo

162 Uma Introdução à Àlgebra Linear

seguinte:

Exemplo 7.9. Queremos achar as soluções do sistema

$$\begin{cases} x_1 + & + 2x_3 + x_4 = 5 \\ x_1 + x_2 + 5x_3 + 2x_4 = 7 \\ x_1 + 2x_2 + 8x_3 + 4x_4 = 12 \end{cases}$$

Para fazer isso consideremos a matriz $[A; B] = \begin{bmatrix} 1 & 0 & 2 & 1 & 5 \\ 1 & 1 & 5 & 2 & 7 \\ 1 & 2 & 8 & 4 & 12 \end{bmatrix}$.

Aplicamos na matriz $[A; B]$ as operações da Observação2 e teremos

$$[A; B] \to \begin{bmatrix} 1 & 0 & 2 & 1 & 5 \\ 0 & 1 & 3 & 1 & 2 \\ 1 & 2 & 8 & 4 & 12 \end{bmatrix} \to \begin{bmatrix} 1 & 0 & 2 & 1 & 5 \\ 0 & 1 & 3 & 1 & 2 \\ 0 & 2 & 6 & 3 & 7 \end{bmatrix} \to$$

$$\to \begin{bmatrix} 1 & 0 & 2 & 1 & 5 \\ 0 & 1 & 3 & 1 & 2 \\ 0 & 0 & 0 & 1 & 3 \end{bmatrix} \to \begin{bmatrix} 1 & 0 & 2 & 0 & 2 \\ 0 & 1 & 3 & 1 & 2 \\ 0 & 0 & 0 & 1 & 3 \end{bmatrix} \to \begin{bmatrix} 1 & 0 & 2 & 0 & 2 \\ 0 & 1 & 3 & 0 & -1 \\ 0 & 0 & 0 & 1 & 3 \end{bmatrix}.$$

Essa última matriz é a matriz reduzida de $[A; B]$ e a matriz A dentro de $[A; B]$ reduzida é $\begin{bmatrix} 1 & 0 & 2 & 0 \\ 0 & 1 & 3 & 0 \\ 0 & 0 & 0 & 1 \end{bmatrix}$. Portanto o nosso sistema reduzido é o sistema

$$\begin{cases} x_1 & + 2x_3 & = 2 \\ & x_2 + 3x_3 & = -1 \\ & & x_4 = 3 \end{cases}$$

Então $x_1 = 2 - 2x_3$, $x_2 = -1 - 3x_3$ e $x_4 = 3$ é a solução geral do sistema.

Exemplo 7.10. Nesse exemplo queremos calcular a inversa da matriz $A = \begin{bmatrix} 1 & 2 \\ -1 & 1 \end{bmatrix}$. Para fazer isso consideremos a matriz

$$[A; I] = \begin{bmatrix} 1 & 2 & 1 & 0 \\ -1 & 1 & 0 & 1 \end{bmatrix}.$$

Sistemas Lineares de Equações 163

A idéia é aplicar o método da redução e transformar a matriz $[A; I]$ numa matriz de forma $[I; R]$. A matriz R será a inversa da A. Agora, aplicaremos os itens da Observação 2 a matriz $[A; I]$. Isso nos dará

$$[A; I] \rightarrow \begin{bmatrix} 1 & 2 & 1 & 0 \\ 0 & 3 & 1 & 1 \end{bmatrix} \rightarrow \begin{bmatrix} 1 & 2 & 1 & 0 \\ 0 & 1 & \frac{1}{3} & \frac{1}{3} \end{bmatrix} \rightarrow$$

$$\rightarrow \begin{bmatrix} 1 & 0 & \frac{1}{3} & -\frac{2}{3} \\ 0 & 1 & \frac{1}{3} & \frac{1}{3} \end{bmatrix} = [I; R].$$

Então $R = A^{-1} = \begin{bmatrix} \frac{1}{3} & -\frac{2}{3} \\ \frac{1}{3} & \frac{1}{3} \end{bmatrix}$.

Deixaremos para o leitor tentar justificar por que a matriz R é a inversa da A, caso a inversa exista.

7.3   Posto e nulidade

O objetivo dessa parte é definir o posto e nulidade de transformações lineares e entender algumas das suas propriedades.

Sejam V e W dois espaços vetoriais de dimensão finita sobre o corpo F e $T : V \rightarrow W$ uma transformação linear sobre F. Definimos o **posto** de T como a dimensão da imagem de T, e escrevemos:
$$posto(T) = dimIm(T).$$
E definimos a **nulidade** de T como a dimensão do núcleo de T. E escrevemos

$$Nul(T) = dimN(T).$$

Essas definições podem ser transferidas para definir posto e nulidade de uma matriz. Suponhamos que $A \in M_{mn}(F)$ é uma matriz com m linhas e n colunas. Para definir o posto e nulidade de A usaremos a definição acima. Para isso, consideramos a transformação linear

$$T_A : F^n \rightarrow F^m$$

164 Uma Introdução à Àlgebra Linear

tal que

$$T_A(v) = Av, \quad v \in F^n \quad \text{é vetor coluna.}$$

Agora, definimos o **posto** (respectivamente **nulidade**) de matriz A como o posto (respectivamente nulidade) de transformação linear T_A. Denotando as colunas de A por $A_1, A_2, \cdots, A_n$ e vetor v por ${}^t[x_1, x_2, \cdots, x_n]$, logo,

$$T_A(v) = Av = x_1 A_1 + \cdots + x_n A_n.$$

7.4   Exercícios

(1) Decidir sobre o seguinte sistema de equações usando o teorema 7.4:

$$\begin{cases} 2x & -y & +z & +4t & = & 12 \\ 3x & 3y & +2z & -4t & = & -1 \\ -x & +y & -z & +3t & = & 1 \\ 4x & -3y & +4z & -2t & = & -11 \end{cases}$$

(2) Por meio de método de redução calcular o posto da matriz de coeficientes do sistema no exercício precedente. Para isso, após o término da operação basta contar o número de linhas não nulas da matriz reduzida.

(3) Ache o posto da seguinte matriz por meio de achar a maior submatriz com determinante não nulo:

$$\begin{bmatrix} -1 & 3 & \frac{1}{4} & -3 & 4 \\ 1 & 3 & -\frac{1}{3} & 3 & -4 \\ -2 & 3 & 3 & 1 & 4 \\ -4 & 0 & 0 & 0 & 4 \\ 2 & -6 & -\frac{1}{2} & 6 & -8 \end{bmatrix}.$$

Sistemas Lineares de Equações 165

O número de colunas ou linhas dessa submatriz será o posto.

(4) Mostre que o posto de toda matriz inversível $n \times n$ é igual a n.

(5) Mostre se todos os autovalores de uma matriz $n \times n$ são não nulos então, o posto dela é n.

(6) Quando posto de matriz $\begin{bmatrix} 1 & a \\ a & 2 \end{bmatrix}$ é zero? Ache a para que o posto seja 1.

(7) Mostre que $Im(T_A) = C(A_1, \cdots, A_n)$ o espaço gerado por vetores $A_1, A_2, \cdots, A_n$.

O resultado do exercício precedente mostra que o posto de A é igual ao máximo número de vetores linearmente independentes de colunas de A. A mesma é verdadeira para T_A.

(8) Mostre que $posto(A) = n$ se, e somente se, as colunas da matriz A; $A_1, A_2, \cdots, A_n$ são linearmente independentes. Se, e somente se, T_A é injetora. E neste caso $n \leq m$.

Sugestão: Se as colunas de A são linearmente independentes então n é o posto de A, e $dim Im(T_A) = dim F^n = n$. Agora basta usar a fórmula (6.2).

(9) Mostre que se $posto(A) = m$, então $n \geq m$. Mostre que $posto(A) = m$ se, e somente se, T_A for sobrejetora, se, e somente se, as n colunas da matriz A; $A_1, A_2, \cdots, A_n$ geram o espaço vetorial F^m.

Sugestão: Se as colunas de A geram o espaço F^m então T_A é sobrejetora. Usando fórmula (6.2) do Capítulo 6, isso implica que $n \geq m$.

(10) Mostre que $posto(A) \leq min\{m, n\}$.

166 Uma Introdução à Àlgebra Linear

Sugestão: Isso é conseqüência de dois exercícios precedentes.

(11) Por meio de um exemplo mostre que posto de soma de duas matrizes é menor ou igual a soma dos seus postos.

(12) Sejam A e B duas matrizes tal que para elas o produto AB é definida. Mostre que:

$$posto(AB) \leq posto(A), \text{ e } posto(AB) \leq posto(B).$$

Sugestão: Mostre que para uma transformação linear $T : F^n \to F^m$, e um subespaço vetorial W de F^n vale a seguinte:
$$dim(T(W)) = dimW - dim(N(T) \cap W).$$

Conseqüentemente, $dim(T(W)) \leq dim(W)$. Logo, supondo que A é $m \times n$ e B é $n \times k$

$$posto(AB) = dim(T_{AB}) = dim(ABF^k) \leq dim(AF^n) = posto(A),$$

onde F^k representa todas as colunas $k \times 1$, e portanto BF^k representa todas as colunas $n \times 1$.

(13) Mostre que se S é uma matriz inversível então,

$$posto(AS) = posto(A).$$

Sugestão: aplique o exercício precedente. Temos que

$$posto(A) = posto(S^{-1}(SA)) \leq posto(SA).$$

Mas, $posto(SA) \leq posto(A)$. Logo, $posto(SA) = posto(A)$.

(14) É verdade que as matrizes semelhantes tem mesmo posto?

Capítulo 8

Formas Multilineares e Algoritmos

Este é um capítulo introdutório escrito simplesmente para motivar alguns tipos de estudos na álgebra linear relacionados com a álgebra multilinear e algoritmos e suas complexidades.

O desenvolvimento da ciência e tecnologia e particularmente a ciência da computação e informática de um lado, e do outro a demanda de trabalhar com matrizes com grande números de linhas e colunas e suas operações, necessita de métodos e algoritmos rápidos com o menor custo possível dentro de um padrão natural.

Como veremos a maioria das operações aritméticas no conjunto das matrizes são na verdade operações multilineares. Por exemplo, o produto de matrizes é uma operação bilinear, o cálculo de determinante de matrizes 2×2 é uma operação bilinear, o cálculo de determinante de matrizes 3×3 é uma operação 3-linear e em geral o cálculo de determinante de matrizes $n \times n$ é n-linear.

O leitor deve observar que os métodos tradicionais e em muitos casos os programas e softwares existentes têm capacidades limitadas que dependem de grandeza de operações, tempo de operação

168 Uma Introdução à Àlgebra Linear

e não são sempre capazes de fazer as operações com matrizes com um número grande de linhas e colunas. E é exatamente por isso que é importante criar bons e rápidos métodos para fazer operações elementares na álgebra linear e em geral nas diversas áreas da matemática. Um dos objetivos desse capítulo é simplesmente mostrar uns exemplos de algoritmos na álgebra linear. E para isso começaremos esse capítulo com a teoria de formas multilineares.

8.1 Formas Multilineares

O exemplo mais simples de uma forma multilinear é a transformação linear

$$T : V \to F$$

de um espaço vetorial (V, F) de dimensão finita no espaço vetorial F. Tal transformação linear é geralmente chamado **funcional linear** ou simplesmente **funcional**. Nós chamaremos essa também de **forma 1-linear**. A seguir ficará claro por que esse nome tem sentido.

Agora, considere uma função de duas variáveis

$$B : V \times V \to F$$

linear a respeito de cada variável. Em outras palavras, a função B é uma tranformação linear a respeito de cada variável. Tal função pode ser chamada forma bilinear, ou simplesmente forma 2-linear. E assim podemos considerar o produto cartesiano de n espaço vetorial V com si mesmo $V \times V \times \cdots \times V$ e considerar a função

$$L : V \times V \times \cdots \times V \to F$$

linear a respeito de cada variável, que chamaremos de forma n-linear. A seguir vamos apresentar a definição de uma forma bilinear e algumas de suas propriedades.

Formas Multilineares e Algoritmos 169

8.1.1 Formas bilineares

Sejam (V, F) e (W, F) dois espaços vetoriais de dimensões finitas n e m respectivamente.

Definição 8.1. Uma **forma bilinear** ou **forma 2-linear** B de V e W sobre F é uma função

$$B : V \times W \to F$$

de duas variáveis v, w tal que para todos vetores v_1, v_2, w_1, w_2 e escalar $\alpha \in F$ as seguintes condições sejam satisfeitas:

(1) $B(v_1 + v_2, w) = B(v_1, w) + B(v_2, w)$,

(2) $B(\alpha v, w) = \alpha B(v, w)$,

(3) $B(v, w_1 + w_2) = B(v, w_1) + B(v, w_2)$,

(4) $B(v, \alpha w) = \alpha B(v, w)$.

Como podemos ver as primeiras duas condições indicam que B é uma transformação linear sobre F a respeito da primeira variável, enquanto as outras duas condições mostram que B é uma transformação linear a respeito da segunda variável. Portanto, para $w \in W$ fixo, a função $B_w : V \to F$ definida pela $B_w(v) = B(v, w)$ é uma transformação linear (funcional) sobre F. Da mesma maneira para $v \in V$ fixo, a função $B_v : W \to F$ definida pela $B_v(w) = B(v, w)$ é uma transformação linear (funcional) sobre F.

Um dos exemplos mais interessantes de formas bilineares acontece quando $V = W = \mathbb{R}$. Nesse caso a forma bilinear B é nada mais que um produto interno sobre $(V, \mathbb{R})$.

Definição 8.2. (1) Uma forma bilinear é **simétrica** quando $B(v, w) = B(w, v)$ para todos vetores $v \in V$ e $w \in W$.

(2) B é **anti-simétrica** ou **alternada** quando $B(v, w) = -B(w, v)$ para todos vetores $v \in V$, $w \in W$.

170 Uma Introdução à Àlgebra Linear

A cada base $B_V = \{v_1, v_2, \cdots, v_n\}$ de V e $B_W = \{w_1, w_2, \cdots, w_m\}$ de W e a cada forma bilinear B podemos associar uma matriz $A = (B(v_i, w_j))$ com $i = 1, 2, \cdots, n$ e $j = 1, 2, \cdots, m$ chamada **a matriz de B nas bases** B_V, B_W.

Exemplo 8.3. (1) A seguinte função $B : F^2 \times F^2 \to F$

$$B((x_1, y_1), (x_2, y_2)) = x_1 x_2 + y_1 y_2, \quad (x_i, y_i) \in F^2, \ i = 1, 2,$$

é uma forma bilinear simétrica. Quando $F = \mathbb{R}$ essa forma bilinear é o produto interno canônico de $\mathbb{R}^2$. A matriz de B na base canônica de F^2 é

$$A = \begin{bmatrix} B((1,0),(1,0)) & B((1,0),(0,1)) \\ B((0,1),(1,0)) & B((0,1),(0,1)) \end{bmatrix} = \begin{bmatrix} 1 & 0 \\ 0 & 1 \end{bmatrix}.$$

(2) A seguinte função $B : F^2 \times F^2 \to F$

$$B((x_1, y_1), (x_2, y_2)) = x_1 y_2 - x_2 y_1, \quad (x_i, y_i) \in F^2, \ i = 1, 2,$$

é uma forma bilinear anti-simétrica. A matriz de B na base canônica de F^2 é

$$A = \begin{bmatrix} B((1,0),(1,0)) & B((1,0),(0,1)) \\ B((0,1),(1,0)) & B((0,1),(0,1)) \end{bmatrix} = \begin{bmatrix} 0 & 1 \\ -1 & 0 \end{bmatrix}.$$

Definição 8.4. Uma forma bilinear é não degenerada a respeito da sua primeira variável se para todo vetor não nulo $w \in W$

$$B(v, w) = 0 \ \text{ implica que } v = 0.$$

Ela é não degenerada a respeito da segunda variável se para todo vetor não nulo $v \in V$

$$B(v, w) = 0 \ \text{ implica que } w = 0.$$

Formas Multilineares e Algoritmos 171

Dizemos que B é **não degenerada** quando ela é não degenerada a respeito das suas variáveis v e w. A forma B é **degenerada** quando ela não é não degenerada.

Exemplo 8.5. Seja B a forma bilinear do item (1) do exemplo anterior. Essa forma não é degenerada, pois se

$$B((x_1, y_1), (x_2, y_2)) = x_1 x_2 + y_1 y_2 = 0$$

para todo vetor não nulo $(x_2, y_2) \in F^2$, podemos então escolher uma vez $(x_2, y_2) = (1, 0)$, e a outra vez $(x_2, y_2) = (0, 1)$. E que isso implica $x_1 = y_1 = 0$. Logo, B não é degenerada. Da mesma maneira podemos ver que a forma bilinear do item (2) do exemplo anterior é não degenerada.

Multiplicação das matrizes fornecem muitos exemplos de formas multilineares. Vamos discutir isso nos seguintes exemplos.

Exemplo 8.6. Sejam $X, Y \in M_2(F)$

$$X = \begin{bmatrix} x_{11} & x_{12} \\ x_{21} & x_{22} \end{bmatrix}, \quad Y = \begin{bmatrix} y_{11} & y_{12} \\ y_{21} & y_{22} \end{bmatrix}.$$

E

$$XY = \begin{bmatrix} x_{11}y_{11} + x_{12}y_{21} & x_{11}y_{12} + x_{12}y_{22} \\ x_{21}y_{11} + x_{22}y_{21} & x_{21}y_{12} + x_{22}y_{22} \end{bmatrix}.$$

Quando as entradas do X e Y variam sobre todos os números de F as entradas do produto XY representam uma forma bilinear igual a do item (1) do Exemplo 8.3.

Agora que temos um conhecimento básico sobre formas bilineares podemos definir as formas multilineares.

Suponha que $V_1, V_2, \cdots, V_n$ são espaços vetoriais de dimensões finitas sobre F. Seja

$$L : V_1 \times V_2 \times \cdots V_n \to F$$

uma função de n variáveis.

Definição 8.7. A função L é uma **forma n-linear** se, e somente

172 Uma Introdução à Álgebra Linear

se, as seguintes condições sejam verdadeiras:

$$(1) \quad L(v_1, v_2, \cdots, v_i + v_i', \cdots, v_n) =$$

$$L(v_1, v_2, \cdots, v_i, \cdots, v_n) + L(v_1, v_2, \cdots, v_i', \cdots, v_n),$$

para todos vetores $v_i, v_i' \in V$, $i = 1, \cdots, n$,

$$(2) \quad L(v_1, v_2, \cdots, \alpha v_i, \cdots, v_n) = \alpha L(v_1, v_2, \cdots, v_i, \cdots, v_n),$$

para todo escalar $\alpha \in F$.

O leitor deve observar que essas condições simplesmente estão dizendo que L é uma transformação linear (funcional) a respeito de cada das suas variáveis.

Similarmente da mesma forma que as formas bilineares simétricas e anti-simétricas (alternadas) foram definidas, podemos definir essas noções para formas n-lineares.

Definição 8.8. Dizemos que uma forma n-linear L é **simétrica** se e somente se

$$L(v_1, \cdots, v_i, \cdots, v_j, \cdots, v_n) = L(v_1, \cdots, v_j, \cdots, v_i, \cdots, v_n),$$

para qualquer mudança de vetores v_i e v_j com $i, j = 1, 2, \cdots, n$. A forma L é **anti-simétrica** ou **alternada** se, e somente se,

$$L(v_1, \cdots, v_i, \cdots, v_j, \cdots, v_n) = -L(v_1, \cdots, v_j, \cdots, v_i, \cdots, v_n),$$

para qualquer mudança de vetores v_i, v_j com $i, j = 1, 2, \cdots, n$.

Exemplo 8.9. (1) Suponha que $X_1 = [x_1 \quad x_2 \quad \cdots \quad x_n]$ é uma matriz linha no $M_{1 \times n}(F)$ e $Y_1 = {}^t[y_1 \quad y_2 \quad \cdots \quad y_n]$ uma matriz coluna no $M_{n \times 1}(F)$. Então quando as entradas da X_1 e Y_1 variam sobre todos os números de F o seguinte produto define uma forma n-linear

$$X_1 Y_1 = \sum_{i=1}^{n} x_i y_i, \tag{8.1}$$

Formas Multilineares e Algoritmos 173

que será chamada **forma padrão** ou **forma canônica**. O leitor talvez lembre que essa forma padrão é a mesma que o produto interno no espaço $\mathbb{R}^n$ quando $F = \mathbb{R}$.

(2) O exemplo do item (1) particularmente pode ser generalizado a matrizes $X \in M_{m \times n}(F)$ e $Y \in M_{n \times k}(F)$. Neste caso o produto XY está formado pelos produtos de i-ésima linhas de X e j-ésima colunas do Y quando $i, j = 1, \cdots, n$. Portanto, as entradas do produto XY são formas n-lineares padrões.

Exemplo 8.10. Os determinantes são formas multilineares. Na verdade, suponha que $Y \in M_n(F)$ e $Y_1, \cdots, Y_n$ são as colunas de Y. Consideremos essas colunas como variáveis. Agora, pelo Teorema 2.14 e a propriedade (7) do Teorema 2.12 temos que a função

$$det : F^n \times F^n \times \cdots F^n \to F$$

definida pela

$$det(Y_1, Y_2, \cdots, Y_n) = det(Y)$$

é uma forma n-linear. Esse fato igualmente vale para linhas de matrizes. Se $X \in M_n(F)$, e $X_1, X_2, \cdots, X_n$ são as linhas de X, então a função $det : F^n \times F^n \times \cdots F^n \to F$ definida pela

$$det(X_1, X_2, \cdots, X_n) = det(X)$$

também é uma forma n-linear. Particularmente pelo Teorema 2.16 temos que determinantes são formas n-lineares alternadas.

8.1.2 Função determinante

As propriedades e teoremas em relação aos determinantes discutidos e demonstrados no Capítulo 2 podem ser usadas para dar uma versão teórica de conceito de determinante e provar que qualquer

174 Uma Introdução à Àlgebra Linear

função $f : M_n(F) \to F$ satisfazendo certas propriedades (a serem mencionadas) é essencialmente igual a determinante de matrizes de $M_n(F)$.

Teorema 8.11. se a função f satisfaz as seguintes:

(1) f é linear a respeito de cada coluna $Y_1, Y_2, \cdots Y_n$ de matriz $X \in M_n(F)$;

(2) f é alternada a respeito de cada coluna $Y_1, Y_2, \cdots Y_n$ de matriz $X \in M_n(F)$,

então existe um número constante $c \in F$ tal que

$$f(Y_1, \cdots, Y_n) = c\,det(X).$$

E, $c = f(e_1, e_2, \cdots, e_n)$, onde $e_1, e_2, \cdots, e_n$ são as transpostas dos vetores da base canônica de F^n.

Demonstração. Primeiro vamos provar o teorema para caso $n = 2$. O caso geral é semelhante. Portanto, suponhamos que $X = \begin{bmatrix} x_{11} & x_{12} \\ x_{21} & x_{22} \end{bmatrix}$. Então $Y_1 = \begin{bmatrix} x_{11} \\ x_{21} \end{bmatrix}$ e $Y_2 = \begin{bmatrix} x_{12} \\ x_{22} \end{bmatrix}$. Agora, vamos escrever $Y_1 = x_{11}e_1 + x_{21}e_2$ e $Y_2 = x_{12}e_1 + x_{22}e_2$. Portanto, pela linearidade de f (linearidade a respeito de cada variável) teremos

$$
\begin{aligned}
f(Y_1, Y_2) &= f(x_{11}e_1 + x_{21}e_2, x_{12}e_1 + x_{22}e_2) \\
&= f(x_{11}e_1, x_{12}e_1 + x_{22}e_2) \\
&\quad + f(x_{21}e_2, x_{12}e_1 + x_{22}e_2) \\
&= f(x_{11}e_1, x_{12}e_1) + f(x_{11}e_1, x_{22}e_2) \\
&\quad + f(x_{21}e_2, x_{12}e_1) + f(x_{21}e_2, x_{22}e_2) \\
&= x_{11}x_{12}f(e_1, e_1) + x_{11}x_{22}f(e_1, e_2) \\
&\quad + x_{21}x_{12}f(e_2, e_1) + x_{21}x_{22}f(e_2, e_2)
\end{aligned}
$$

Mas f é alternada, então $f(e_i, e_i) = 0$ para $i = 1, 2$ (veja Exercício 1). Logo,

$$f(Y_1, Y_2) = x_{11}x_{22}f(e_1, e_2) + x_{21}x_{12}f(e_2, e_1).$$

De novo, pelo fato de que f é alternada temos que

$$f(e_1, e_2) = -f(e_2, e_1).$$

Portanto

$$\begin{aligned}
f(Y_1, Y_2) &= f(e_1, e_2)(x_{11}x_{22} - x_{21}x_{12}) \\
&= c\,det(X),
\end{aligned}$$

onde $c = f(e_1, e_2)$. O mesmo procedimento pode ser aplicado para o caso geral. No caso geral as condições (1) e (2) implicam que

$$f(e_{\sigma(1)}, e_{\sigma(2)}, \cdots, e_{\sigma(n)}) = (sinal\ \sigma)f(e_1, e_2, \cdots, e_n).$$

e então

$$\begin{aligned}
f(Y_1, Y_2, \cdots, Y_n) &= f(e_1, \cdots, e_n) \sum_{\sigma \in S_n} (sinal\ \sigma)x_{\sigma(1)1} \cdots x_{\sigma(n)n} \\
&= c\,det(X),
\end{aligned}$$

onde $c = f(e_1, e_2, \cdots, e_n)$. A demonstração está feita.

8.2   Matrizes em Blocos

Por **matrizes em blocos** entenderemos as matrizes cujas entradas são matrizes. A forma geral de uma matriz em blocos é

$$X = \begin{bmatrix} X_{11} & X_{12} & \cdots & X_{1\ell} \\ X_{21} & X_{22} & \cdots & X_{2\ell} \\ \cdot & \cdot & \cdots & \cdot \\ \cdot & \cdot & \cdots & \cdot \\ X_{k1} & X_2 & \cdots & X_{k\ell} \end{bmatrix} \in M_{k \times \ell}(N),$$

onde X_{ij} são matrizes no conjunto $M_{m_i \times n_j}(N)$. Chamaremos as matrizes X_{ij} de **blocos de** X. Por exemplo, a matriz

$$X = \begin{bmatrix} X_{11} & X_{12} \\ X_{21} & X_{22} \end{bmatrix}, \ X_{ij} \in M_2(N) \ (i, j = 1, 2),$$

176 Uma Introdução à Álgebra Linear

é uma matriz em blocos, cujos blocos são matrizes 2×2 e elas são: $X_{11}, X_{12}, X_{21}, X_{22}$.

Nos muitos casos a teoria geral das matrizes funciona bem para matrizes em blocos, mas não sempre. Por exemplo, a soma e subtração das matrizes em blocos pode ser feito igualmente como no caso das matrizes (veja Capítulo 1). O produto de duas matrizes em blocos X e Y também segue da mesma maneira do produto das matrizes. Se $X \in M_{k \times \ell}(N)$ e $Y \in M_{\ell \times r}(N)$, então o produto XY é definido e ela é uma matriz em blocos em $M_{k \times \ell}(N)$ e obtida através de produto de linhas em blocos de X vez colunas em blocos de Y. O seguinte exemplo ilustra esse produto.

Exemplo 8.12. Sejam

$$X = \begin{bmatrix} X_{11} & X_{12} & X_{13} \\ X_{21} & X_{22} & X_{23} \end{bmatrix} \text{ e } Y = \begin{bmatrix} Y_{11} & Y_{12} \\ Y_{21} & Y_{22} \\ Y_{31} & Y_{32} \end{bmatrix}$$

matrizes em blocos. O produto em bloco de X e Y é a seguinte matriz em blocos

$$XY = \begin{bmatrix} X_{11}Y_{11} + X_{12}Y_{21} + X_{13}Y_{31} & X_{11}Y_{12} + X_{12}Y_{22} + X_{13}Y_{32} \\ X_{21}Y_{11} + X_{22}Y_{21} + X_{23}Y_{31} & X_{21}Y_{12} + X_{22}Y_{22} + X_{23}Y_{32} \end{bmatrix}.$$

Como já mencionamos algumas operações com matrizes em blocos não são as mesmas no caso das matrizes. Por exemplo, o cálculo de determinante de matrizes em blocos não segue o mesmo caminho de matrizes. Para isso veja o seguinte exemplo.

Exemplo 8.13. Suponha que

$$A = \begin{bmatrix} 1 & -1 & 2 & 0 \\ 0 & 1 & 2 & 0 \\ -1 & 2 & 3 & 1 \\ 0 & 2 & 3 & 1 \end{bmatrix}.$$

Formas Multilineares e Algoritmos 177

Pelo Excercício 6 do capítulo 2 sabemos que $det(A) = 4$. Essa matriz pode ser vista como uma matriz em blocos, com blocos

$$A_{11} = \begin{bmatrix} 1 & -1 \\ 0 & 1 \end{bmatrix} \quad A_{12} = \begin{bmatrix} 2 & 0 \\ 2 & 0 \end{bmatrix}$$

$$A_{21} = \begin{bmatrix} -1 & 2 \\ 0 & 2 \end{bmatrix} \quad A_{22} = \begin{bmatrix} 3 & 1 \\ 3 & 1 \end{bmatrix}.$$

Os seguintes cálculos em blocos para o determinante de A são FALSOS:

$$(1) \quad det(A) = det(A_{11})det(A_{22}) - det(A_{12})det(A_{21}).$$

A razão disso é que $det(A_{11}) = 1$, $det(A_{22}) = 0$, $det(A_{21}) = -2$, $det(A_{12}) = 0$.

$$(2) \quad det(A) = det(A_{11} - A_{22})det(A_{12} - A_{21}).$$

A razão disso é que $det(A_{11} - A_{22}) = det \begin{bmatrix} -2 & -2 \\ -3 & 0 \end{bmatrix} = -6$ e $det(A_{12} - A_{21}) = det \begin{bmatrix} 3 & -2 \\ 2 & -2 \end{bmatrix} = -2$.

$$(3) \quad det(A) = det(A_{11}A_{22} - A_{12}A_{21}).$$

A razão disso é que $det(A_{11}A_{22} - A_{12}A_{21}) = det \begin{bmatrix} 2 & -4 \\ 5 & -3 \end{bmatrix} = 14$.

A versão correta do exemplo precedente é o teorema a seguir.

Teorema 8.14. (1) Seja $A = \begin{bmatrix} A_{11} & A_{12} \\ 0 & I \end{bmatrix}$, uma matriz em blocos com blocos $A_{11}, A_{12} \in M_n(F)$, 0 a matriz nula e I a matriz identidade em $M_n(F)$. Então

$$det(A) = det(A_{11}).$$

178 Uma Introdução à Álgebra Linear

(2) Seja $A = \begin{bmatrix} A_{11} & A_{12} \\ 0 & A_{22} \end{bmatrix}$, onde $A_{11}, A_{12}, A_{22} \in M_n(F)$ e 0 a matriz nula. Então

$$det(A) = det(A_{11})det(A_{22}).$$

Demonstração. A demonstração do item (1) é a conseqüência imediata da definição do determinante (fórmula (2.2) do Capítulo 2). Por essa fórmula temos que o $det(A)$ é igual a:

$$\sum_{\sigma \in S_{2n}} (sinal\ \sigma)a_{\sigma(1)1}a_{\sigma(2)2} \cdots a_{\sigma(n)n}$$

$$= \sum_{\sigma = \left(\begin{smallmatrix} 1 & 2 & \cdots & 2n \\ i_1 & i_2 & \cdots & i_{2n} \end{smallmatrix} \right)} (sinal\ \sigma)a_{i_1 i} \cdots a_{i_n n}\delta_{i_{n+1},n+1} \cdots \delta_{i_{2n},2n}$$

$$= \sum_{\sigma_1 = \left(\begin{smallmatrix} 1 & 2 & \cdots & n \\ i_1 & i_2 & \cdots & i_n \end{smallmatrix} \right)} (sinal\ \sigma)a_{i_1 i}a_{i_2 2} \cdots a_{i_n n} = det(A_{11}).$$

Para demonstrar o item (2) consideremos as matrizes A_{11} e A_{12} fixos (constantes) e A_{22} variável. Então pelo Teorema 8.11 temos que

$$det(A) = det \begin{bmatrix} A_{11} & A_{12} \\ 0 & A_{22} \end{bmatrix} = c\ det(A_{22}),$$

onde $c = det \begin{bmatrix} A_{11} & A_{12} \\ 0 & I \end{bmatrix}$. Logo, pelo item (1) temos que $c = det(A_{11})$. Isso completa a demonstração.

8.2.1 Subespaço invariável

Seja (V, F) um espaço vetorial de dimensão n e W um subespaço de V de dimensão $m \leq n$. Considere a transformação linear

$$T_A : F^n \to F^n \;\; (T_A(v) = Av).$$

associada a uma matriz $A \in M_n(F)$. Suponha que W é invariável para T_A. Seja $\{w_1, \cdots, w_m\}$ uma base para W. Podemos estender esta base a uma base de V:

$$B = \{w_1, \cdots, w_m, v_{m+1}, \cdots, v_n\}.$$

Nesse sentido a matriz de T_A na base B é dada por uma matriz A em blocos, de modo que

$$T_A(B) = [w_1, \cdots, w_m, v_{m+1}, \cdots, v_n][T_A]$$

onde

$$[T_A] = \begin{bmatrix} A_{11} & A_{12} \\ O & A_{22} \end{bmatrix},$$

com blocos A_{11}, $m \times m$, e A_{22}, $(n - m) \times (n - m)$.

8.3 Algoritmo de multiplicação

Um **algoritmo** é um método de performar uma operação (ou resolver um problema) num número finito de etapas. O nome " algoritmo " originou-se do nome do matemático e astrônomo **Al-Khawarazmi** cujo livro *Al-Jabar val Muqhabela* do século IX contém os primeiros passos da teoria conhecida hoje em dia "álgebra" e " algoritmo ". A teoria moderna de algoritmo está cada vez mais envolvendo diferentes partes da matemática e é um campo de pesquisa muito promissor. A importância de algoritmos na matemática e em

180 Uma Introdução à Àlgebra Linear

geral na ciência da computação é bem conhecido e existem muitos livros sobre esse assunto.

O nosso objetivo é apresentar em nível de exemplos algumas perguntas relacionadas com as operações de álgebra linear envolvendo algoritmos. Começaremos com a seguinte pergunta.

É possível multiplicar duas matrizes 2×2 de conjunto $M_2(F)$ com menos de 8 operações de multiplicação do corpo F?

Observe que quando multiplicamos duas matrizes de $M_2(F)$ estamos fazendo 8 multiplicações de F. Mostraremos esse fato usando o símbolo $*$ na seguinte operação da multiplicação:

$$X = \begin{bmatrix} x_{11} & x_{12} \\ x_{21} & x_{22} \end{bmatrix}, \ Y = \begin{bmatrix} y_{11} & y_{12} \\ y_{21} & y_{22} \end{bmatrix},$$

$$XY = \begin{bmatrix} x_{11}*y_{11} + x_{12}*y_{21} & x_{11}*y_{12} + x_{12}*y_{22} \\ x_{21}*y_{11} + x_{22}*y_{21} & x_{21}*y_{12} + x_{22}*y_{22} \end{bmatrix}.$$

Como podemos ver essa multiplicação envolve exatamente 8 operações de multiplicação de F.

A resposta para a pergunta acima é em afirmativa e é possível multiplicar duas matrizes 2×2 com menos de 8 multiplicações do corpo F. Mas, para isso, devemos sacrificar a adição. Vamos precisar aumentar o número de adições do corpo F. No produto XY há exatamente 4 operações de adição no corpo F. Para reduzir o número de **multiplicção básica** (multiplicação no F) será aumentada o número de **adição básica** (adição no F). Do ponto de vista do aspecto prático da computação isso é uma vantagem, pois em geral o custo de adição é menor que a multiplicação sobre o corpo real e complexo.

É importante notar que sempre há uma cota inferior de número de mutliplicações básicas para multiplicar duas matrizes. No caso de matrizes 2×2 o seguinte teorema do Strassen mostra que a cota

Formas Multilineares e Algoritmos 181

inferior é 7 e que essa cota não pode ser reduzida.

Teorema (Strassen 1969) 8.15. A complexidade de multiplicação de matrizes 2×2 é 7.

A seguir apresentamos o **algoritmo de Strassen** baseado no teorema anterior. Com os dados acima suponhamos que $X = (x_{ij})$ e $Y = (y_{ij})$ são duas matrizes 2×2. Denotaremos por u_{ij} as entradas da matriz XY. O seguinte algoritmo determina as entradas de XY com somente 7 operações de multiplicação básica.

Definiremos os números g_i, $(i = 1, 2, \cdots, 7)$ na seguinte forma:

$$g_1 := (x_{11} + x_{22}) * (y_{11} + y_{22}) \qquad g_2 := (x_{21} + x_{22}) * y_{11}$$
$$g_3 := x_{11} * (y_{12} - y_{22}) \qquad g_4 = x_{22} * (-y_{11} + y_{21})$$
$$g_5 := (x_{11} + x_{12}) * y_{22} \qquad g_6 := (-x_{11} + x_{21}) * (y_{11} + y_{12})$$
$$g_7 := (x_{12} - x_{22}) * (y_{21} + y_{22}).$$

Agora, as entradas de XY são os seguinte números:

$$u_{11} = g_1 + g_4 - g_5 + g_7 \qquad u_{12} = g_3 + g_5$$
$$u_{21} = g_2 + g_4 \qquad u_{22} = g_1 - g_2 + g_3 + g_6$$

É fácil ver que em geral na multiplicação de duas matrizes $n \times n$ são usadas n^3 multiplicações básicas. Portanto se queríamos multiplicar duas matrizes $2n \times 2n$ poderííamos considerá-las como duas matrizes 2×2 em blocos (cujos blocos são matrizes $n \times n$) e então neste caso poderíamos usar o algoritmo de Strassen e reduzir o número de mutilicações básicas.

Encerramos este livro com o seguinte problema em aberto.

Problema. Qual é o mínimo número de operações básicas para multiplicar duas matrizes 3×3?

8.4 Exercícios

(1) Mostre que qualquer forma bilinear alternada $B : V \times V \to F$ satisfaz a igualdade

182 Uma Introdução à Álgebra Linear

$$B(v, v) = 0$$

para todo $v \in V$.

(2) Pode provar o mesmo resultado do exercício precedente para uma forma n-linear alternada $L : V \times V \times \cdots \times V \to F$?

(3) Determine a matriz da forma trilinear

$$B((x_1, y_1), (x_2, y_2), (x_3, y_3)) := x_1 y_1 + 2x_2 y_2 + 3x_3 y_3$$

na base canônica de $\mathbb{R}^2$.

(4) Seja $B = \begin{bmatrix} 1 & -1 & 1 \\ -1 & 0 & 2 \\ 1 & 2 & 3 \end{bmatrix}$. Ache a forma bilinear cuja matriz na base canônica de $\mathbb{R}^3$ seja a matriz B.

(5) Use a função determinante e prove o Teorema 2.18.

(6) Mostre que a matriz de uma forma bilinear simétrica em qualquer base é uma matriz simétrica.

(7) Mostre que a matriz de uma forma anti-simétrica em qualquer base é uma matriz anti-simétrica.

(8) (a) Cálcule o produto das seguintes matrizes:

$$A = \begin{bmatrix} -100 & 201 \\ 1,824 & 401,34 \end{bmatrix}, \text{ e } \begin{bmatrix} 326,34 & 1201,29 \\ -732,21 & 47000 \end{bmatrix}.$$

(b) Use o algoritmo de Strassen e determine o produto dessas matrizes.

(9) Seja A a matriz do Exemplo 8.13. Use o algoritmo de Strassen e calcule A^2.

Formas Multilineares e Algoritmos 183

(10) Calcular o produto das matrizes em blocos:

$$A = \begin{bmatrix} 1 & -1 & 0 & 1 & 2 & 1 \\ 0 & 4 & 1 & 2 & 1 & 3 \\ 0 & 0 & 1 & 1 & -1 & 0 \\ 2 & 1 & 1 & 2 & -1 & 4 \end{bmatrix}, \quad B = \begin{bmatrix} 8 & 2 & 3 & 4 & 1 & 2 \\ 3 & -1 & 2 & 1 & 0 & 1 \\ 4 & -1 & 2 & -1 & 0 & 2 \\ 5 & 1 & 1 & 1 & 2 & 1 \\ 3 & 1 & -1 & 4 & 1 & 2 \\ 3 & 1 & -1 & 4 & 1 & 2 \end{bmatrix}.$$

(11) Aplicar o algoritmo de Strassen e calcular o produto da matrizes AB em blocos do exercício precedente.

(12) Considere duas matrizes $2n \times 2n$. Essas matrizes podem ser vistas como duas matrizes em blocos em duas maneiras: matrizes $n \times n$ (com blocos 2×2) ou matrizes 2×2 (com blocos $n \times n$). Quais dessas opções é melhor para reduzir o número de multiplicações básicas usando algoritmo de Strassen?

(13) Com quantas multiplicações de números reais podemos multiplicar duas matrizes triangulares superiores $n \times n$. Neste cálculo ignore multiplicação de número por zero.

Referências bibliográficas

Os seguintes livros influenciaram na realização do presente livro

[A-K] Al- Khawarazmi. *Al-Jabar val Muqhabela*. Traduzido de árabe para persa, Teerã 1990.

[Ar] Artin, M. *Algebra*. Prentice Hall, Nova York 1991.

[AS] Ayala, M., e Shokranian, S. *Algoritmos da Multiplicação e suas Complexidades*. a ser publicado.

[CLR] Cormen, T.; Leiserson, C.; e Rivest, R. *Algorithm*. Eighteenth Printing, the MIT Press 1997.

[Sa] Satake, I. *Linear Algebra*. Traduzido de japonês para inglês. Marcel Dekker, Nova York 1975.

[S] Shokranian, S. *Criptografia para Iniciantes*. Editora Universidade de Brasília, Brasília 2005. publicado pela editora UnB.

[S1] Shokranian, S. *Exercícios em Álgebra Linear 1*. A ser publicado pela Editora Ciência Moderna. Rio de Janeiro.

186 Uma Introdução à Àlgebra Linear

[Sho ial] Shokranian, S. *Introdução à Álgebra Linear*. Editora Universidade de Brasília. Brasília 2004.

[Sho tmc] Shokranian, S. *Tópicos em Métodos Computacionais*. Editora Ciência Moderna. Rio de Janeiro 2008.

[SS] Shokranian, S., e Shokrollahi, M.A. *Coding Theory and Bilinear Complexity*. Scientific Series of the International Bureau Vol. 21 KFA-Germany 1993.

Índice Remissivo

ângulo entre vetores, 111, 112
ângulo geométrico, 112

a equação da reta que passa pela origem, 115
a equação do plano que passa pela origem, 116
ação de permutação, 22
adição básica, 180
Al-Khawarazmi, 179
algoritmo, 179
algoritmo de Gram-Schmidt, 107
algoritmo de Strassen, 181
auto-espaço, 49, 142, 148
autovalor de matriz, 49
autovalor de operador, 142
autovetor de matriz, 49
autovetor de operador, 142

base canônica, 85
base de espaço vetorial, 84
base padrão, 85

coeficientes, 73
coeficientes de equação, 2

coeficientes de combinação linear, 80
coeficientes de sistema de equações, 2
combinação linear, 80
composição de funções, 19
composição de permutações, 21
comprimento de vetor, 104
condição de linearidade, 102
condição de simetria, 102
constante de equação, 2
constantes de sistema de equações, 2
coordenados, 18
coordenados de combinação linear, 80

delta de Kronecker, 43
desigualdade de Cauchy, 109
desigualdade de Schwartz, 109
desigualdade de triângulo, 110
determinante, 24
dimensão, 87

188 Uma Introdução à Àlgebra Linear

elemento diagonal, 5
elementos de uma matriz, 4
entrada antidiagonais, 14
entradas de uma matriz, 4
equação da reta, 116
equação do plano, 116
equação homogênea, 2
equação padrão de elipse, 124
escalar, 5, 69
espaço euclideano, 102, 105
espaço produto, 76
espaço vetorial, 70
espaço vetorial nulo, 71
espaço vetorial produto, 76
espaço vetorial real, 101

forma 1-linear, 168
forma 2-linear, 169
forma n-linear, 171
forma n-linear alternada, 172
forma n-linear anti-simétrica, 172
forma n-linear simétrica, 172
forma bilinear, 169
forma bilinear alternada, 169
forma bilinear anti-simétrica, 169
forma bilinear degenerada, 171
forma bilinear não degenerada, 171
forma bilinear simétrica, 169
forma canônica, 173

forma padrão de círculo, 124
forma padrão, 173
função, 18
função bijetora, 19
função injetora, 18
função par, 98
função sobrejetora, 19
função ímpar, 98
funcional, 168
funcional linear, 168

gerador, 80, 82

hiperplano, 133

imagem da transformação linear, 129
imagem de uma função, 18
incógnitas de equação, 2
inversa de matriz, 41
inversa de permutação, 24

kernel da tranformação linear, 129

linearmente dependentes, 82
linearmente independentes, 82

método borboleta, 26
método de Gram-Schmidt, 107
método de redução, 161
método de substituição, 2
método eliminatório, 2
método eliminatório de Gauss, 161

ÍNDICE REMISSIVO 189

matriz, 4

matriz adjunta, 43

matriz anti-simétrica, 11

matriz antidiagonal, 14

matriz cofator, 42

matriz coluna, 4

matriz da transformação linear, 134

matriz de autovetores, 56

matriz de coeficientes, 92

matriz de coordenados, 92

matriz de forma bilinear, 170

matriz de mudança da base, 93

matriz de rotação, 118

matriz de similaridade, 53

matriz diagonal, 5

matriz diagonalizável, 56

matriz diagonalizadora, 56

matriz idempotente, 15

matriz identidade, 4

matriz inversível, 42

matriz linha, 4

matriz linha reduzida, 161

matriz menor, 26

matriz nilpotente, 13

matriz nilpotente de nível$k$, 14

matriz nula, 5

matriz ortogonal, 14, 118

matriz ortogonal especial, 118

matriz quadrada, 4

matriz reduzida, 161

matriz simétrica, 11

matriz transposta, 9

matriz triangular, 11

matriz unipotente, 14

matrizes semelhantes, 53

monômios de determinante, 24

multiplicação de matrizes, 6

multiplicação por escalar, 5, 70

multiplicação básica, 180

método de Cramer, 39

núcleo da transformação linear, 129

número cofator, 42

não degenerária, 102

norma de vetor, 104

nulidade de matriz, 164

nulidade de transformação linear, 163

operação associativa, 70

operação comutativa, 7, 70

operação distributiva, 8

operação distributiva aditiva, 71

operação distributiva multiplicativa, 71

operador, 139

operador diagonalizável, 146

operador idempotenete, 152

operador identidade, 140

190 Uma Introdução à Àlgebra Linear

operador linear, 139
operador nilpotente, 151
operador nulo, 140

permutação de nível n, 19
permutação identidade, 21
permutação par, 22
permutação ímpar, 22
polinômio anulador, 59
polinômio característico, 47
polinômio característico
    de operador, 145
polinômio mínimo, 60
polinômio mínimo de operador,
    146
polinômio mônico, 47
polinômio matricial, 58
ponto final de vetor, 112
ponto inicial de vetor, 112
positiva definida, 102
posto de matriz, 154, 164
posto de transformação linear, 163
potência de uma matriz, 10
primeiro coordenado, 18
produto cartesiano, 17, 75
produto de permutações, 21
produto de subespaços, 75
produto de transformações lineares, 139
produto escalar, 103, 113

produto interno, 102
produto interno canônico, 103
produto interno padrão, 103
propriedade simétrica, 30

relação, 18
rotação em volta de eixo oz, 120

segundo coordenado, 18
semelhança sobre corpos, 54
sinal de permutação, 22
sistema de equações, 2
sistema de equações lineares, 2
sistema homogêneo associado, 158
sistema ortonormal, 105
soma de subespaços, 77
soma de transformações lineares,
    138
soma de vetores, 70
soma direta, 77
subespaço, 74
subespaço gerado, 82
subespaço invariável, 148
subespaço vetorial, 74

Teorema de Cayley e Hamilton,
    60
Teorema de Strassen, 181
traço de matriz, 10
transformação linear, 125
transformação linear associada, 133

ÍNDICE REMISSIVO 191

translação de coordenados, 124

variáveis de equação, 2
vetor, 69
vetor negativo, 70
vetor nulo, 70
vetor oposto, 70
vetor unitário, 116
vetores ortogonais, 105, 113
vetores perpendiculares, 113

ANOTAÇÕES

Impressão e acabamento
Gráfica da Editora Ciência Moderna Ltda.
Tel: (21) 2201-6662